"十三五"国家重点出版物出版规划项目

南海天然气水合物勘查理论与实践丛书

主　编　梁金强　　　副主编　苏丕波

海域天然气水合物资源评价方法

Evaluation Methods for Gas Hydrate Resources in Sea Areas

苏丕波　梁金强　林　霖　吕万军　郭依群　王飞飞 等　著

科 学 出 版 社

北 京

内 容 简 介

本书总结了国内外天然气水合物勘查开发进展及资源评价现状，并系统介绍了天然气水合物资源评价的思路、方法、流程及对天然气水合物的地质认识。针对我国南海天然气水合物勘查实践，介绍了南海天然气水合物地质评价及容积法和成因法(盆地模拟法)在南海天然气水合物资源评价中的应用。

本书可供天然气水合物、石油天然气、海洋地质和新能源等领域的科研、生产、管理人员及技术人员阅读参考，也可为高等院校相关地质专业师生，以及对天然气水合物有兴趣的读者提供有价值的参考。

图书在版编目(CIP)数据

海域天然气水合物资源评价方法/ 苏丕波等著. —北京：科学出版社，2024.6

(南海天然气水合物勘查理论与实践丛书/梁金强主编)

"十三五"国家重点出版物出版规划项目

ISBN 978-7-03-077983-0

Ⅰ. ①海⋯ Ⅱ. ①苏⋯ Ⅲ. ①南海-天然气水合物-油气资源评价 Ⅳ. ①P618.13

中国国家版本馆 CIP 数据核字(2024)第 010910 号

责任编辑：万群霞 / 责任校对：王萌萌
责任印制：师艳茹 / 封面设计：无极书装

科 学 出 版 社 出版

北京东黄城根北街 16 号
邮政编码：100717
http://www.sciencep.com

北京建宏印刷有限公司印刷
科学出版社发行　各地新华书店经销

*

2024 年 6 月第 一 版　开本：787×1092　1/16
2024 年 6 月第一次印刷　印张：10 1/4
字数：232 000

定价：198.00 元

(如有印装质量问题，我社负责调换)

丛书序一

南海天然气水合物成藏条件独特而复杂，自然资源部中国地质调查局广州海洋地质调查局经过近 20 年的系统勘查，先后通过 6 次钻探在南海北部不同区域发现并获取了大量块状、脉状、层状和分散状天然气水合物样品。这些不同类型天然气水合物形成的地质过程、成藏机制及富集规律都是需要深入研究的问题。开展南海天然气水合物成藏研究对认识天然气水合物分布规律，揭示天然气水合物资源富集机制具有十分重要的理论意义和实际应用价值。

我国南海海域天然气水合物研究工作始于 1995 年，虽然我国天然气水合物调查研究起步较晚，但在国家高度重视和自然资源部(原国土资源部)的全力推动下，开展了大量调查评价工作，圈定了我国陆域和海域天然气水合物的成矿区带，在南海钻探发现两个超千亿立方米级天然气资源量的天然气水合物矿藏富集区，取得了一系列重大找矿成果。2017 年，我国成功在南海神狐海域实施了天然气水合物试采，取得了巨大成功，标志着我国天然气水合物资源勘查水平已步入世界先进行列。

"南海天然气水合物勘查理论与实践丛书"是广州海洋地质调查局联合国内相关高校及科研院所等单位近百位中青年学者和研究生们完成的重大科技成果，该套丛书阐述了我国天然气水合物勘查及成藏研究相关领域的重要进展，其中包括南海北部天然气水合物成藏的气体来源、地质要素和温压场条件、天然气水合物勘查识别技术、天然气水合物富集区冷泉系统、南海多类型天然气水合物成藏机理、天然气水合物成藏系统理论与资源评价方法等。针对我国南海北部陆坡天然气水合物资源禀赋和地质条件，通过理论创新，系统形成了天然气水合物控矿、成矿、找矿理论，初步认识了南海天然气水合物成藏规律，创新提出南海天然气水合物成藏系统理论，建立起一套精准高效的资源勘查、找矿预测及评价方法技术体系，并多次在我国南海北部天然气水合物钻探中得到验证。

作为南海海域天然气水合物调查研究工作的参与者，我十分高兴地看到"南海天然气水合物勘查理论与实践丛书"即将付印。我们有充分的理由相信，该套丛书的出版将为我国乃至世界天然气水合物勘探事业的发展做出更大贡献。

中国科学院院士

2020 年 6 月

丛 书 序 二

  天然气水合物作为一种特殊的油气资源,资源潜力大、能量密度高、燃烧高效清洁,是非常理想的接替能源。我国高度重视这种新型战略资源,21 世纪初设立国家层面的专项,开始系统调查我国南海海域天然气水合物资源情况。经过近 20 年的努力,已经取得了不少发现和成果,2017 年还在南海神狐海域成功进行了试采,显示出南海巨大的天然气水合物资源潜力。

  对于一种能源资源,深入认识其理论基础,建立完善的勘查技术体系及科学的资源评估体系十分重要。天然气水合物的物理化学性质及其在地层中的赋存特征与常规能源矿产相比具有特殊性,人们对其勘探程度和认识还不够深入。因而其目前的理论认识、勘查技术及资源评价工作尚处于探索之中。在这种情况下,结合我国南海近 20 年的勘查实践,系统梳理南海天然气水合物的理论认识、勘查技术及评价方法,我认为十分必要。

  该套丛书作者梁金强、苏丕波等是我国天然气水合物地质学领域为数不多的中青年专家,几十年来承担了多项国家天然气水合物勘查项目,长期奔波在生产科研一线,对我国天然气水合物的资源禀赋情况十分熟悉。作者在编写书稿期间与我有较多交流讨论。在翻阅书稿时,我欣喜地看到该套丛书至少体现出这几方面的特点:第一,该套丛书是我国第一套系统阐述天然气水合物资源勘查技术、成藏理论与评价方法方面的系列专著,首创性和时效性强;第二,该套丛书是基于近 20 年来的第一手实际调查资料在实践中总结出来的理论成果,资料基础坚实、十分难得;第三,该套丛书较完整梳理了国内外天然气水合物工作的历史和现状,理清了脉络,对于读者了解全貌很有帮助;第四,该套丛书将实地资料和理论提升进行了较好结合,既有大量一手野外资料为基础,又有对实际资料加工后的理论升华,对于天然气水合物的研究具有重要参考价值;第五,该套丛书在分析对比国内外天然气水合物成藏地质条件及成藏特征的基础上,提出了适合于我国南海海域天然气水合物自身特点的勘查技术、成藏理论及评价方法,为今后我国海域天然气水合物下一步的勘查研究奠定了坚实的基础。

  在该套丛书付梓之际,我十分高兴地将其推荐给对天然气水合物事业感兴趣的广大读者,衷心祝愿该套丛书早日出版,相信它一定能对我国在天然气水合物理论研究领域的人才培养和勘查评价工作起到积极的推动作用。与此同时,我还想提醒各位读者,天然气水合物地质勘查与研究是一个循序渐进的过程,随着资源勘查程度的提高,人们的认识也在不断提升。希望读者不要拘泥于该书提出的理论、方法和技术,应该在前人基础上,大胆探索天然气水合物新的理论认识、新的勘查技术和新的评价方法。

中国工程院院士 李庆忠

2020 年 5 月

丛书序三

　　能源是人类赖以生存和发展的重要资源，随着我国国民经济的快速发展，能源保障问题愈受关注。据公布的《中国油气产业发展分析与展望报告蓝皮书(2018—2019)》，我国天然气进口对外依赖度已于 2018～2019 年连续两年超过 40%，预计 2020 年度将达到41.2%，国家能源安全问题十分突出。为了解决我国能源供需矛盾，寻找可接替能源资源显得十分迫切。天然气水合物因其资源量巨大、分布广泛，被视为未来石油、天然气的替代能源。据估算，全球天然气水合物的气体资源量达 $2.0 \times 10^{16} m^3$，其蕴藏的碳总量是已探明的煤炭、石油和天然气的 2 倍，其中，98%分布于海洋，2%分布于陆地永久冻土带。因此，世界主要国家竞相抢占天然气水合物的开发利用先机，美国、日本、韩国、印度等国家都将其列入国家重点能源发展战略，并投入巨资开展勘查开发及科学研究。我国天然气水合物调查研究工作虽起步较晚，但经过 20 多年的追赶，相继于 2017 年、2020 年成功实施海域天然气水合物试采，奠定了我国在天然气水合物领域的优势地位。

　　我国 1999 年首次在南海发现了天然气水合物赋存的地球物理标志——似海底反射面(bottom simulating reflector，BSR)，拉开了我国天然气水合物步入实质性调查研究的序幕。2001 年开始，我国设立专项开展天然气水合物资源调查，为加强海域天然气水合物基础研究，相继设立了"我国海域天然气水合物资源综合评价及勘探开发战略研究(2001—2010 年)"及"南海天然气水合物成矿理论及分布预测研究(2011—2015 年)"项目，充分发挥产学研相结合的优势，形成多方参与的综合性研究平台，持续推进南海天然气水合物基础研究。项目的主要目标是在充分调研国外天然气水合物勘查开发进展及理论技术研究的基础上，结合我国南海天然气水合物勘查实践，系统开展天然气水合物地质学、地球物理学、地球化学、地质微生物学等综合研究；深入分析天然气水合物的成藏地质条件、成藏特征及成藏机制；发展形成南海天然气水合物地质成藏理论和勘查评价方法，为我国海域天然气资源勘查评价提供支撑。项目承担单位为广州海洋地质调查局，参加项目研究工作的单位有中国地质大学(北京)、中国科学院地质与地球物理研究所、中国科学院海洋研究所、南京大学、中国地质大学、中国地质科学院矿产资源研究所、中国海洋大学、同济大学、中国科学院广州地球化学研究所、中山大学、中国石油大学(北京)、中国矿业大学(北京)、中国科学院南海海洋研究所、中国石油科学技术研究院等。项目团队是我国最早从事天然气水合物资源勘查研究的团队，相继发表了一批原创性成果，在国内外产生了广泛影响。

　　两个项目先后设立 16 个课题、7 个专题开展攻关研究，研究人员逾 100 人。研究工作突出新理论、新技术、新方法，多学科相互渗透，集中国内优势力量，联合攻关，力求在天然气水合物成藏理论、勘查技术及评价方法等方向获得高水平的研究成果，其研究内容及成果如下。

(1) 系统开展了天然气水合物成藏地质的控制因素研究，在南海北部天然气水合物成藏地质条件和控制因素、温压场特征及稳定带演变、气体来源及富集规律等方面取得了创新性认识。

(2) 系统开展了南海天然气水合物地质、地球物理、地球化学、地质微生物响应特征及识别技术研究，形成了一套有效的天然气水合物多学科综合找矿方法及指标体系。

(3) 形成了天然气水合物储层评价及资源量计算方法、资源分级评价体系和多参量矿体目标优选技术，为南海天然气水合物资源勘查突破提供支撑。

(4) 建立了天然气水合物成藏系统分析方法，初步揭示了南海典型天然气水合物富集区"气体来源→流体运移→富集成藏→时空演变"的系统成藏特征。

(5) 初步形成了南海北部天然气水合物成藏区带理论认识，系统分析了南海北部多类型天然气水合物成藏原理、成因模式及分布规律。

(6) 建立了天然气水合物勘探及评价数据库，全面实现数据管理、数据查询及可视化等应用。

(7) 通过广泛的文献资料调研，系统总结国际天然气水合物资源勘查开发进展、基础研究及技术研发成果，科学提出我国天然气水合物勘查开发战略。

为了更全面、系统地反映项目的研究成果，推动天然气水合物地质及成藏机制研究，决定出版"南海天然气水合物勘查理论与实践丛书"，在本丛书编委会及各卷作者的共同努力下，经过三年多的梳理编写工作，终于与大家见面了。本丛书反映了项目主要成果及近20年来广大作者对海域天然气水合物地质成藏研究的新认识。希望丛书的出版有助于推动我国天然气水合物成藏地质研究深入及发展和建立有中国特色的天然气水合物成藏理论，助力我国天然气水合物勘探开发产业化进程。

中国地质调查局及广州海洋地质调查局的领导和专家对丛书的相关项目给予了大力支持、关心和帮助，其中，广州海洋地质调查局原总工程师黄永样对项目成果进行了精心的审阅、修改和统稿，并提出了很多有益的建议；广州海洋地质调查局杨胜雄教授级高工、张光学教授级高工、张明教授级高工等专家对项目进行了悉心指导并提出了诸多建设性建议；此外，中国地质调查局原总工程师张洪涛、青岛海洋地质研究所吴能友研究员、北京大学卢海龙教授、中国科学院广州地球化学研究所何家雄教授等专家学者在项目立项和研究过程中给予了指导、帮助和支持，在此一并致以诚挚的感谢！

"南海天然气水合物勘查理论与实践丛书"是集体劳动的结晶，凝结了全体项目参与及丛书编写人员的辛勤汗水和创造力；科学出版社对本丛书出版的鼎力支持，编辑团队的辛苦劳动和科学的专业精神，使本丛书得以顺利出版。

特别感谢金庆焕院士、汪集晹院士长期对丛书成果及研究团队的关心、帮助和指导，并欣然为丛书作序。

由于编写人员水平有限，有关项目的很多创新性成果很可能没有完全反映出来，丛书中的不当之处也在所难免，敬请专家和读者批评指正。

主编　梁金强

2020 年 1 月

前　言

随着世界油气勘探开发工作的不断深入，常规油气资源勘探难度日益增大。而世界经济发展对油气资源的需求又不断增加，常规油气供给与需求之间的缺口越来越大。截至2022年初，我国石油和天然气对外依存度已分别超过71%和40%，能源紧缺已成为制约我国经济高速发展和社会稳定运行的重要因素。除了继续加大国内探明和国外进口，寻找替代能源无疑是一种考虑更长远的解决方案，天然气水合物因其能量密度高、规模大、埋藏浅及燃烧产物无污染等特点，近年来成为各国争相竞逐的新型绿色能源和战略接替能源。因此，加强天然气水合物这一新型能源资源的综合评价研究，对于摸清我国天然气水合物资源潜力，拓宽勘探领域，增加油气后备储量，具有重要战略意义。

近年来，我国系统开展了南海北部天然气水合物资源勘查，全面总结了南海北部陆坡不同构造背景下天然气水合物成藏地质条件，提出了扩散型、渗漏型及混合型天然气水合物的成藏模式，认为南海北部天然气水合物存在"南北分带、东西分区"的区带成藏认识。随着我国在南海海域天然气水合物勘查程度的不断提高，我国在南海北部陆坡不断取得找矿突破，通过钻探获取了大量天然气水合物实物样品，初步证实其资源量巨大。

2017年5月10日，我国成功从南海神狐海域海底以下203～277m的天然气水合物矿藏开采出天然气。在主动关井情况下，此次试采连续试气点火60d，累积产气量超$30.9 \times 10^4 m^3$，最高产量达$3.5 \times 10^4 m^3/d$，完成"日产万方天然气，持续一周"的既定目标。2020年2月17日～3月30日，我国利用水平井试采技术实施第二轮试采，持续产气42d，累积产气$149.86 \times 10^4 m^3$，平均产量$3.57 \times 10^4 m^3/d$，超额完成"日产$2 \times 10^4 m^3$天然气、持续1个月"目标任务。我国海域天然气水合物第二轮试采取得成功，实现了从"探索性试采"向"试验性试采"的重大跨越，对推进产业化进程意义重大。

2017年11月3日，国务院正式批准将天然气水合物列为新矿种，成为我国第173个矿种。确立为新矿种会加快天然气水合物资源早日实现开发利用的步伐，以满足经济社会发展对清洁能源的需求。

在此背景下，开展我国天然气水合物资源评价方法研究，形成适合我国地质条件下的天然气水合物资源评价技术方法体系，系统开展我国天然气水合物资源评价十分必要。天然气水合物资源评价是天然气水合物勘查的核心和主要组成部分，不仅可以为我国下一步天然气水合物资源勘查部署和经济评价提供依据，也为国家经济发展战略的制定提供更明晰和可信的数据信息，对于国家加强宏观调控和政策指导、编制中长期发展规划、制定油气工业发展战略和相关产业政策制定具有重要作用。

笔者在分析国内外天然气水合物勘查开发进展及资源评价现状基础上，深入调研以美国、日本等发达国家为代表的国外天然气水合物资源评价的方法和技术，从中分析总结出可借鉴的经验和思路，建立我国天然气水合物资源评价技术体系。本书主要内容包括国内外天然气水合物勘查开发进展、天然气水合物资源评价现状、天然气水合物资源评价方法、天然气水合物地质认识、南海天然气水合物地质评价、容积法在南海天然气水合物资源评价中的应用、成因法在南海天然气水合物资源评价中的应用。

全书共 7 章，撰写分工如下：前言由苏不波撰写；第 1 章由苏不波、梁金强撰写；第 2 章由苏不波、林霖撰写；第 3 章由苏不波、林霖、孙运宝、吕万军、郭依群、李廷微等撰写；第 4 章由苏不波、沙志彬、王飞飞、王笑雪撰写；第 5 章由苏不波、程怀、张伟撰写；第 6 章由林霖、苏不波、吕瑶瑶撰写；第 7 章由苏不波、许建华、鄢伟撰写，全书由苏不波统稿。

本书是笔者多年来所获得南海天然气水合物勘查研究成果和前人研究基础上的系统总结与高度概括，也是长期从事南海北部天然气水合物勘查评价与综合研究的结晶与全面总结。在本书撰写过程中，得到了自然资源部中国地质调查局、自然资源部油气资源战略研究中心、广州海洋地质调查局各级领导的重视及专家的指导，也得到许多同行的帮助和支持，此外，本书引用了大量中外学者、专家的图片资料，在此一并表示衷心的感谢！

虽然笔者在天然气水合物资源勘查与评价方面开展了多年的研究工作，并取得了一定的研究成果，但随着天然气水合物勘查程度的提高及人们认识的深化，本书中的一些观点或许存在一定的局限；同时，限于笔者能力，书中不当之处在所难免，恳请读者批评指正。

作 者

2023 年 7 月

目　　录

第 1 章　天然气水合物勘查开发进展

作为资源量丰富的高效清洁能源，天然气水合物受到世界各国的高度重视，很多国家都相继投入巨资进行天然气水合物的调查研究和评价工作。美国、日本、德国、印度、加拿大、韩国等国家都制定了各自的天然气水合物研究开发计划，对天然气水合物进行调查、开发和利用研究。美国、加拿大已分别在阿拉斯加北坡普拉德霍(Prudhoe)湾地区及麦肯齐(Mackenzie)三角洲地区实施了陆域天然气水合物试开采；日本在其近海实施了海域天然气水合物试开采；我国则先后在青海祁连山木里地区及南海神狐海域实施了天然气水合物试开采。

1.1　国外天然气水合物勘查开发现状

1.1.1　天然气水合物发现历程

天然气水合物一般被认为最早是在 1810 年由英国学者 Humphry Davy 在实验室发现，他在伦敦皇家研究院化学实验室里配制出并测定出了氯化物水合物 $Cl_2 \cdot 10H_2O$。1811 年，Davy 著书正式提出"气体水合物(gas hydrate)"概念。1832 年，英国科学家 Faraday 在实验室合成氯气水合物，并对水合物的性质做了较系统的描述。此后，在整个 19 世纪，科学家相继在化学实验室里发现和配制出了溴化物水合物、硫化物水合物、二氧化碳水合物、二氧化氮水合物等。1887 年，Cailletet 和 Border 还第一次测定出了混合气体水合物。这期间，Villard 的科学实验成就最为突出，他先后在实验室里成功配制出了甲烷水合物、乙烷水合物等烃类气体水合物，还发表了关于硫化物水合物、氩气和氮气水合物、氧气水合物的文章。

1930 年，美国为了输送天然气，开始敷设巨型天然气管道。由于天然气运输过程中经常在管道中出现一种并不是冰的白色固体堵塞物，它非常阻碍天然气的传送和运输。对这种物质进行研究后，发现这种白色的结晶物就是天然气与水在低温下互相作用而形成的天然气水合物。1934 年，苏联的石油工人在西伯利亚的天然气输送管道中也发现了类似"冰雪状物"，这种"冰雪状物"同样堵塞了管道而阻碍天然气的输送，这些"冰雪状物"后来被证实就是由天然气与水结合而成的天然气水合物。同年，美国科学家 Hammerschmitd 发表了《关于天然气水合物造成输气管道堵塞》的论文，论述了天然气水合物造成天然气输气管线堵塞的有关数据，人们开始更加详细地对天然气水合物进行研究。1946 年，苏联学者斯特里诺夫从理论上得出自然界可能存在天然气水合物矿藏的结论。

1961 年，苏联科学家首次在西西伯利亚梅索亚哈(Messoyakha)油气田的永久冻土层中发现了自然界产出的天然气水合物。梅索亚哈天然气水合物储层位于天然气气田之上，永久冻土带之下的砂岩岩层中。天然气水合物储层之下还存在游离气体和含水层，属易于开采的天然气水合物矿藏。1970~1980年，苏联对梅索亚哈天然气水合物进行了开采，开采出约 $300 \times 10^8 m^3$ 的天然气。梅索亚哈天然气水合物是人类第一次在地壳中发现并实施开采的自然产出的天然气水合物矿藏，它的发现与开采具有里程碑意义。苏联还出版了第一本有关天然气水合物调查勘探和资源评估的论著，并预言天然气水合物也可能存在于海底沉积中。

梅索亚哈天然气水合物矿藏的发现与开发极大地激发和推动了全球对天然气水合物的勘探和开发研究。几年后，美国在阿拉斯加的西普拉德霍湾的艾林(Eileen)2号钻井的岩心中发现了天然气水合物。加拿大也在马更些三角洲冻土带相继发现了大规模的天然气水合物矿藏。与此同时，海底沉积层中赋存的天然气水合物也被发现。首先是1974年，美国科学家在美国东海岸大陆边缘进行的地震调查中发现了似海底反射面，接着又在该区布莱克(Black)海台进行的深海钻探中，发现上述反射面的沉积层岩心释放出了大量甲烷，初步证明了似海底反射面与天然气水合物有关。这些发现促成了1979年以美国科学基金会为依托的"深海钻探计划(DSDP)"，以及后来统合的"大洋钻探计划"(ODP)的推出，并制定了对海洋天然气水合物进行全面系统勘查评估的计划。1979年，DSDP在其Leg-66、Leg-67航次的中美洲海槽钻孔岩心中取到了灰白色晶体天然气水合物，这是世界上第一次证实海底天然气水合物(Shipley and Didyk, 1982)。

1980年，Kvenvolden在美国地质调查局通报上发表了有关天然气水合物总结性文章，首次明确指出天然气水合物在全球广泛分布，并列举了已发现的20余处天然气水合物赋存地。接着在1982年的DSDP67航次、1985年的DSDP84航次中，先后两次在中美海沟处的4个站位发现了海底天然气水合物。

20世纪90年代，国际上成立了由19个国家参与研究和开发天然气水合物这种新能源的联合机构。至20世纪末，已调查发现并圈定的有天然气水合物的地区主要分布在西太平洋海域的白令海、鄂霍次克海、千岛海沟、冲绳海槽、日本海、南海海槽、苏拉威西海、新西兰北岛；东太平洋海域的中美海槽、北加利福尼亚—俄勒冈近海、秘鲁海槽；大西洋的美国东海岸外布莱克海台、墨西哥湾、加勒比海、南美东海岸外陆缘、非洲西海岸海域；印度洋的阿曼湾；北极的巴伦支海和波弗特海；南极的罗斯海和威德尔海，以及黑海与里海等。这些海域内已有88处直接或间接发现了天然气水合物，其中26处岩心见到天然气水合物。

进入21世纪，天然气水合物的勘查开发研究迈入了新的阶段。世界各国的科学家相继开展了天然气水合物的调查研究和评价，在天然气水合物的基础研究方面取得了较大的进展。如天然气水合物形成和分解的热力学、动力学实验研究、产出条件、分布规律、形成机理、勘探技术、开发工艺、经济评价及环境影响方面。在世界范围内形成了一个天然气水合物研究的热潮。天然气水合物研究已经发展成为包括天然气水合物地质学、天然气水合物地球化学、天然气水合物区域工程地质学、天然气水合物地球物理调查及天然气水合物与全球气候变化等在内的一门新兴学科。

1.1.2　世界主要国家天然气水合物勘查开发现状

由于天然气水合物具有重要的战略意义和巨大的经济价值，世界上许多国家都将其列入国家重点研发计划内。美国、日本、印度、韩国、德国、挪威及中国等均相继投入巨资进行海域天然气水合物调查甚至开采试验。目前，全球已有 30 多个国家和地区进行了天然气水合物的研究与调查勘探，在海洋天然气水合物地质勘探及开采技术研究方面取得了若干新成果。天然气水合物勘查开发进入了一个新阶段。

1. 美国

美国是世界能源需求大国，是世界上开展海洋天然气水合物研究最早最活跃的国家，其天然气水合物的调查研究一直走在世界的前缘(Milkov et al., 2003)。20 世纪 60 年代，美国在墨西哥湾及东部布莱克海台实施油气地震勘探时，首次发现了 BSR。1970 年，美国在布莱克海台实施了深海钻探，证实 BSR 上存在天然气水合物，BSR 是由天然气水合物层下部游离气引起的反射界面。之后，BSR 作为识别海洋天然气水合物的地震标志，被广泛地用于世界各海域的天然气水合物调查。1979 年和 1981 年，美国在墨西哥湾及布莱克海台再次实施深海钻探，并取得了天然气水合物岩心。1981 年，美国制订了天然气水合物 10 年研究计划，投入 800 万美元开展天然气水合物基础研究。20 世纪 80 年代中期，美国能源部和 Morgentown 能源及技术中心授权国际地质勘探者协会，对全球 24 个地区的海洋天然气水合物赋存控制因素和可采储量进行研究。1994 年，美国能源部制订了"甲烷水合物研究项目"。1995 年，美国借助大洋钻探计划实施了 ODP164 航次钻探，在布莱克海台获得了天然气水合物样品，并评价其天然气水合物资源量为 $1.8 \times 10^{10} \mathrm{m}^3$。20 世纪 90 年代，美国地质调查局(USGS)和能源部开展了全美海洋天然气水合物研究计划。受此鼓舞，美国总统科学技术顾问委员会(PCAST)在其 1997 年的《21 世纪能源研究和开发面临的挑战报告》中着重提出，由美国能源部化石能源办公室(DOE/FE)和美国地质调查局、矿产管理服务中心(MMS)、环境保护机构(EPA)、海军部(NRL)制订一个科学计划来了解世界范围的甲烷水合物资源潜力。1998 年，美国参议院通过决议，把天然气水合物作为国家发展的战略能源列入国家发展的长远计划——甲烷水合物研究与资源开发利用。

2000 年美国参议院通过了《天然气水合物研究与开发法案》(S.330 法案)。由美国能源部制订了长达 10 年(2001～2010 年)的详细计划。该研究发展计划由天然气水合物的资源评价、开发、全球碳循环、安全及海底稳定性五个研究方向构成，各研究方向之间共同分享资料、理论概念和研究成果。另外，每一个研究方向的研究行动不是孤立的和断续的，数据的收集、实验室研究、模拟及野外验证将在促进相互合作的过程中进行。重要技术的转让活动包括建立在线数据库、刺激研究和服务，并对其进行监测以保证质量，同时避免研究结果的重复。

2001 年，美国成立墨西哥湾天然气水合物联合工业项目(JIP)，旨在研究与含天然气水合物沉积物钻探相关的灾害、开发和测试天然气水合物形成与分布的地质与地球物理预测工具、获得分析海洋天然气水合物资源和开采问题所需的物理数据，并取得含天然气水合物沉积物样品。美国能源部、美国地质调查局、俄亥俄州立大学、得克萨斯大学、哥伦比亚大学等广泛参与调查与研究，在墨西哥湾发现了几百个正在活动的渗漏系统。2005 年，JIP 确认了墨西哥湾海底以下存在天然气水合物；2009 年，JIP 第二航次确认了墨西哥湾砂质储层有高饱和度的天然气水合物，厘清盆地产出天然气水合物的潜在规模；第三航次采集保压岩心和进行现场采样。研究表明：美国墨西哥湾是天然气渗漏发育的典型地区，在 50 余处渗漏系统海底采集到天然气水合物样品，天然气水合物广泛发育于水深超过 440m 海底沉积中，约 80% 的天然气水合物产于天然气渗漏活动的断层系统中。2017 年 5 月，在美国能源部资助下，得克萨斯大学领导实施了墨西哥湾天然气水合物保压取心航次，开展了科学钻探、测井和取心工作，获取了 21 个 1m 长的保压岩心样品。

2012 年 3~4 月，美国科学家利用二氧化碳-甲烷置换法和降压法，在阿拉斯加北坡普拉德霍湾地区进行为期 30d 的试开采，共计产气 $2.4 \times 10^4 m^3$。

2. 日本

日本非常重视天然气水合物调查和开发利用研究，并将其作为替代石油和天然气的下一代能源。这首先是因为日本近海具有广泛的天然气水合物分布，其次是因为其潜在储量对日本来说是一种稳定的能源供应。一旦天然气水合物能够进行商业性开发，将大大改善日本目前主要依赖从国外进口石油与天然气资源的状况。据估算，日本的天然气水合物资源量非常丰富，仅日本近海估算的资源量就可满足本国 100 年的能源消耗。

日本的天然气水合物研究开始于 20 世纪 80 年代晚期，主要由日本地质调查所开展小规模的甲烷水合物研究，目的是调查日本周围海域天然气水合物存在的可能性，其他工作通常是通过国际合作完成的。日本南海海槽的深海钻探 31 航次和 87 航次、大洋钻探 131 航次及日本海的大洋钻探 808 孔均钻取了天然气水合物岩样，证实了天然气水合物的存在。此后，日本石油公团组织 10 家公司开展东南海海槽调查与钻探工作，集中在天然气水合物是否能成为未来能源这一主题上。而日本地质调查所与东京大学等单位的一些科学家还在其他项目的支持下开展深入的研究工作。自 1995 年起，日本在其近海开始实施天然气水合物调查。在 1995~1999 年，投入 6400 万美元，对其东南海海槽实施天然气水合物调查计划，并在 1999 年实施海底钻探获得天然气水合物样品。据 1999 年 11 月日本资源能源厅的调查，日本南部海沟蕴藏天然气水合物的区域可达 42000km²（宋海斌和松林修，2001）。

2001 年 4 月，日本启动了新一轮的"甲烷水合物开发计划"，开发计划共分三个阶段：第一阶段（2001~2006 年）的主要任务是确定日本南海海槽甲烷水合物富集区，准确评价其资源量，为第二阶段选择合适的生产开发井做前期准备。这一阶段研究了深水区软地层中测试井钻探和完井技术，认识到天然气水合物开发造成气体泄漏、海底变形及地层中冰的形成，探索降低天然气水合物分解率的方法，提高天然气水合物开发井的产量和采收率。这一阶段还研究了甲烷气体开发对环境的影响，调查了海底滑坡的特征和深水油气井的安全性。第二阶段（2007~2011 年）是进行海上开发试验工作，进行技术和经济评估。第三阶段（2012~2016 年），完成商业开发的评估确认和经济评价。

2004 年 1 月至 5 月，日本利用"决心号"深水钻井船，在其南海海槽水深 203~772m

进行了大规模的海洋天然气水合物取样钻探施工,完成了 32 个天然气水合物钻探取样孔,对该海域天然气水合物资源进行了全面调查评价,并进行了开采试验研究。多年的钻探成果证实,天然气水合物赋存在砂岩和火山沉积物中,其孔隙度平均约 35%,天然气水合物饱和度最高可达 85%。日本在对周边海域天然气水合物资源调查研究基础上,圈定了 12 块天然气水合物富集区,估算天然气水合物资源量为 $6 \times 10^{12} m^3$。

2010 年日本评估了天然气水合物的产能测试。2013 年 3 月,日本利用降压法在其近海第二渥美海丘实施了第一次天然气水合物试开采。试开采 6d 后,因生产井的出砂堵塞事故被迫提前终止,累积产气 $12 \times 10^4 m^3$。2017 年 4 月,日本在第一次试开采同一海域实施第二次试开采;2017 年 5 月,第一口试开采井进行了为期 12d 的试开采,累积产气 $3.5 \times 10^4 m^3$,同样因生产井的出砂堵塞事故提前终止。第二口试开采井于 2017 年 6 月 5 日开始产气,至 6 月 28 日终止试验,24d 内累积产气 $20 \times 10^4 m^3$,其间发生管道冰堵和其他意外事故中断,未实现其建立天然气水合物稳定生产技术的预期目标。

2017 年试采后,日本进一步展开了试采技术研发、储层分析和研究、试采后的环境调查、对地层变形和甲烷浓度变化的监测、经济效益评价等工作。在 2018 年发布的新《海洋基本规划》中,日本提到要推动对天然气水合物资源的研发,以 2023～2027 年开展民营企业主导的产业化开发为目标,开发可能用于未来产业化生产的技术。针对砂层型天然气水合物,开展长期的生产技术开发和陆域试采、日本周边海域的勘查、海洋环境调查等;针对表层型天然气水合物,开展采收技术调研成果的评估、采收和生产技术的研发及海底条件调查,以及海洋环境调查等。值得注意的是,日本企业不但在其领海实施天然气水合物计划,还直接参与并领导了加拿大马利克(Mallik)天然气水合物研究计划,显示其全球战略的雄心。事实上,日本在天然气水合物研究、勘探及开发领域已经成为世界的领先者(左汝强和李艺,2017;张涛等,2021)。

3. 韩国

韩国由于石油、天然气的长期缺乏,十分重视对天然气水合物的研究(樊栓狮等,2009;Keun-Pil,2008)。韩国天然气水合物研究区主要集中在郁陵盆地(Ulleung basin)。1996年,韩国启动了第一个天然气水合物项目,由韩国地球科学与矿产资源研究院(KIGAM)组织实施,主要是进行初步的实验分析和基本信息收集。1997～1999 年,开始对韩国东海(日本海)郁陵盆地西南部开展了基础地质调查和研究工作,并于 1998 年首次在郁陵盆地发现 BSR。而同一时期在其周边海域实施的地球物理勘探主要针对大陆架区域的天然气资源,在大陆坡区开展的旨在开发天然气水合物的深水勘探并没有引起注意。

2000～2004 年,韩国地球科学和矿产资源研究院使用"TAMHEAII"号科考船在郁陵盆地进行了区域性地球物理和海洋地质调查,为确定郁陵盆地的天然气水合物储量提供了地质和地球化学的信息。其间共采集了 12367km 的二维多道反射地震线、38 个活塞芯和多波束回声测深仪资料。基于地震数据处理,识别了 BSR、羽状流(柱状烟囱)、渗漏气苗、声波空白带及增强反射体等五种天然气水合物的地球物理识别标志,初步证实了天然气水合物的存在。岩心分析表明总有机碳含量高,残余烃含量高。气体成分和同位素比值将其定义为主要的生物成因。

2005 年 7 月，韩国启动了为期 12 年的国家天然气水合物计划，其总体目标是"找到最佳生产技术，实现天然气水合物商业化生产"。由韩国天然气水合物研发机构(GHDO)负责管理，受韩国产业通商资源部资助，主要研发工作由 KIGAM 负责实施，地震和钻探数据的采集工作由韩国国家石油公司(KNOC)负责实施。韩国国家天然气水合物发展计划分三个阶段：①勘探区Ⅰ的勘探和开发；②郁陵盆地的勘探与开发；③开采测试。目标是在郁陵盆地进行精确调查，估计郁陵盆地天然气水合物的潜在储量，通过钻井来获取天然气水合物及在郁陵盆地开展最优化的生产方法。

2007 年 9 月 20 日～11 月 17 日，韩国开展了针对郁陵盆地的第一次天然气水合物钻探航次(UBGH-1)，确定了该盆地天然气水合物的赋存。该航次由 GHDO 和 KIGAM 主导，通过实验室工作和数值模拟开展了天然气水合物的开发和生产研究，测量了含天然气水合物沉积物的特性，研究了天然气水合物的动力学和热力学特征，尝试了不同的生产方法，估算了采收率等。2010 年 7 月 7 日～9 月 30 日，韩国开展了针对郁陵盆地的第二次天然气水合物钻探航次(UBGH-2)，一方面是在郁陵盆地中选择试采钻位，另一方面是评估该盆地的资源潜力。开展了随钻测井和取心工作并进行了多项分析工作，包括沉积学分析、地球化学分析、物理特性测量、保压岩心分析及微生物分析等。Bo 等(2018)利用岩石物理模拟和叠前反演估算了郁陵盆地一小块($252km^2$)区域的天然气水合物资源量。估计总天然气水合物体积约为 $8.43 \times 10^8 m^3$，预计总气体量约为 $1380 \times 10^8 m^3$(Bo et al., 2018)。

在开采技术方面，韩国汉阳大学等通过观察多孔介质中天然气水合物的压力和阻力建立天然气水合物开采模拟实验装置，进行了多孔介质中天然气水合物合成和降压、加热、注化学剂等各种分解实验研究，在开采实验模拟手段和数值模拟技术方面取得了初步成果，在 CO_2 置换开采海底天然气水合物方面开展了大量数值分析工作(唐金荣等，2011)。值得关注的是韩国曾计划 2015 年开展试采工作，钻探和试采计划生产方式采用降压法，整个作业时间周期指明为 70 余天，其中包括 14d 的钻杆测试(DST)，但后来又推迟了，具体时间尚未可知。

4. 印度

印度对周边海域的天然气水合物十分重视(郑军卫，1998；雷怀彦和郑艳红，2001；Shankar and Riedel, 2011)。1995 年，印度地质调查局(GSI)对其海域进行了有关天然气水合物地质、地球化学和地球物理初查与复查。在沿马德拉斯(Madras)和加尔各答(Calcutta)之间印度东海岸的几个深水(大于 400m)区开展调查，获得天然气水合物矿藏广泛存在的证据。此外，在印度和缅甸之间的安达曼海发现规模较大的天然气水合物远景区，估计含有 $6 \times 10^{12} m^3$ 的天然气。据估算，印度陆缘天然气水合物的甲烷资源量为 $(40 \sim 120) \times 10^{12} m^3$。印度政府表示，天然气水合物"对满足其日益增长的国内能源需求具有极其重要的意义"。

2001 年，印度启动为期五年的国家天然气水合物研究开发计划，调查发现印度东、西两个海岸都分布有天然气水合物。2006 年 4~8 月，印度开展了专项天然气水合物钻探计划。在 4 个岸外海区喀拉拉-康干(Kerala-Konkan)、克里希纳-戈达瓦里(Krishna-Godavari, K-G)、默哈讷迪(Mahānadi)和安达曼(Andaman)的 21 个站点打了 39 个钻孔，其中 12 个钻孔进行了随钻测井，此外还对 13 个钻孔进行了电缆测井，证实了该区存在大量天然气水合物。2015 年印度雇用日本"地球号"继续在印度东部海岸进行了印度国家天然气水合物计划(NGHP)第二航次任务，该航次的前两个月主要进行了随钻测井作业，共钻了 25 个钻孔并实施了测井；后 3 个月则对最具资源远景的 10 个站位进行取心作业，获得了大量天然气水合物样品。经预测，印度近海天然气水合物资源量为 $1894×10^{12} m^3$。

在试开发方面，印度也曾经计划于 2018 年前后在其东南海域开展为期 2~3 个月的试开采，后来因故推迟，具体试开采时间尚未公布。

5. 加拿大

加拿大地处北半球，拥有世界上最长的海岸线，其 50% 的陆地位于永久冻土带，这些条件赋予加拿大具有非常好的天然气水合物资源潜力(周立君，2001)。在 20 世纪 70 年代，加拿大就开始进行陆地冻土带天然气水合物调查研究，1992 年，加拿大钻探获取天然气水合物样品。1994 年通过 ODP146 航次在海域发现天然气水合物。1998 年，加拿大和日本、美国合作在麦肯齐三角洲钻探 Mallik 2L-38 井，采集到大量天然气水合物样品。2002 年，利用热水循环法(注热法的一种)，在麦肯齐三角洲地区进行为期 5d 的试开采，共产气 $470m^3$。2007 年底和 2008 年初，利用降压法分两次在麦肯齐三角洲地区，实施第二次陆域天然气水合物试开采，其中 2007 年为期 12.5h 的生产累积产气 $830m^3$，2008 年为期 6d 的生产累积产气 $1.3×10^4 m^3$。

6. 俄罗斯(苏联)

俄罗斯是最早开展天然气水合物资源调查和研究的国家之一。苏联在 1969 年开采了世界上第一个天然气水合物气田——梅索亚哈气田，至今已从该气藏的游离气中大约生产出 $80×10^8 m^3$ 天然气，从分解的天然气水合物中生产出约 $30×10^8 m^3$ 天然气。从 20 世纪 70 年代开始，在其周围海域和内陆海中开展天然气水合物调查与研究工作。20 世纪 80 年代以来，通过海底表层取样和地震调查等手段相继在黑海、里海、贝加尔湖、鄂霍次克海、白令海等区域发现了天然气水合物(杨明清等，2018)。

7. 德国

德国海域并不存在天然气水合物大规模赋存的条件，但德国对天然气水合物的研究非常感兴趣，尤其重视天然气水合物对全球环境的意义。德国把天然气水合物调查研究列为国家研究项目，反映了德国政府及科学界对于这一新型能源的重视。德国从事天然气水合物调查研究的单位和部门主要包括波茨坦地学研究中心(GFZ，波茨坦)、联邦海洋地球科学研究中心(GEOMAR，基尔)、联邦地质调查局(BGR，汉诺威)，以及 Alfred Waganer 研究所(AWI，不来梅港/波茨坦)和波茨坦前冰河期研究组等。德国的这些机构和研究单位通常采取积极的国际合作方式，将科学家派到不同的国家参与天然气水合物调查研究，其对天然气水合物调查研究涉及的国家和海域遍及全球（许红，2006；赵生才，2001）。

1998 年，德国利用"太阳号"调查船与俄罗斯合作，开展鄂霍次克海天然气水合物调查。同年，德国基尔大学 Geomar 研究所争取到 2000 万马克资金，同美国合作，对俄勒冈州西部大陆边缘卡斯凯迪亚（Cascadia）消减带的天然气水合物开展调查，在该海域做了大量地震调查工作和海底取样工作。自 20 世纪 90 年代以来，与其他国家合作，先后对东太平洋、西南太平洋、墨西哥湾等海域进行了天然气水合物调查研究，并获取了天然气水合物样品。2004～2007 年，德国开展了黑海和墨西哥湾海底甲烷喷溢研究、天然气水合物特征研究、天然气水合物中微生物的循环和代谢作用、海洋含天然气水合物沉积物中甲烷通量的控制因素及其气候效应等项目（Talukder et al.，2007）。特别值得一提的是太阳号 S0177-1 航次的工作。2004 年 6～7 月，太阳号与中国地质调查局合作，在我国南海东沙海域执行了第 177 航次，开展了为期 44d 的海上调查。采用多种手段对南海北部陆坡的甲烷循环进行了多方面研究，尤其是通过海底摄像系统和电视抓斗取样等手段，在东沙海域发现了总面积达 430km^2 的碳酸盐结壳，被命名为"九龙甲院礁"同时采获了大量海底沉积物柱状样及双壳类生物样、碳酸盐结壳样等。2006 年，针对 S0177-1 航次的研究成果，中德两国科学家进行了学术交流。

德国科学家对天然气水合物分解引发的工程地质灾害、环境影响，以及监测与评价技术研究方面，取得了很好的研究成果。

8. 挪威

挪威于 1996 年底开始对挪威北部大陆斜坡的 7 个深水天然气水合物进行了地质调查研究，通过勘探活动探明挪威海域广泛存在天然气水合物的地质、地球物理异常标志。此外，挪威同样地重视天然气水合物的环境研究，尤其在海底灾害预防和深海二氧化碳封存研究方面取得了重要的研究成果（Biastoch et al.，2011）。2006～2011 年，挪威地质调查局与挪威深水计划——海底Ⅲ（Norwegian Deep Water Programme/Seabed Ⅲ）、多家研究所和大学密切合作，开展了"挪威巴伦支海—斯瓦尔巴群岛边缘的天然气水合物项目"（GANS）。该项目研究内容包括天然气水合物在海底稳定性评价及气候和生态的关联重要性，其主要目的是描述天然气水合物气藏，建立挪威巴伦支海—斯瓦尔巴群岛边缘沉积物和生物的响应，为油气安全开采提供至关重要的环境保护依据。另外，挪威在深海二氧化碳封存技术研究方面处于世界领先地位，近年来注重利用二氧化碳置换天然气水合物中的甲烷气体试验研究。研究表明二氧化碳替代甲烷封存海底地层具有经济效益和环境保护的双重优势，为开采天然气水合物和保护环境起到标准的示范作用。随着挪威 Ormen Lange 深水大型气田的开发，挪威在北海滑坡区域部署了海底天然气水合物原位监测装置，有关海底天然气水合物分解前后应力变化及海底滑坡、工程设施等影响的相关研究目前正在进行中。

目前天然气水合物开发面临诸多挑战，包括工程技术、开采试验、经济评价等，截至目前，全球仅有 4 个国家开展了天然气水合物试开采尝试。其中，美国和加拿大是在其陆域冻土带试采；日本在日本南海海槽实施两次试采（表 1-1）；而我国先后在南海神狐海域实施两轮试采（表 1-1）。

表 1-1　世界天然气水合物试开采情况表

	加拿大		美国	日本		中国	
	首次 陆域试开采	第二次 陆域试开采	首次 陆域试开采	首次 海域试开采	第二次 海域试开采	首次 海域试开采	第二次 海域试开采
年份	2002	2007、2008	2012	2013	2017	2017	2020
作业区域	麦肯齐 三角洲	麦肯齐 三角洲	阿拉斯加 北坡	第二渥美海丘	第二渥美海丘	南海神狐 海域	南海神狐 海域
作业水深/m				约 1000	约 1000	1266	1266
储层深度	地表以下 约 900m	地表以下 约 1100m	地表以下 约 700m	海底以下 约 300m	海底以下 约 350m	海底以下 203～277m	海底以下 203～277m
储层条件	砂质	砂质	砂质	砂质	砂质	泥质粉砂	泥质粉砂
开采方法	热水循环法	降压法	二氧化碳- 甲烷置换法+ 降压法	降压法	降压法	基于降压的 地层流体抽 取法	基于降压的 地层流体抽 取法
产气持续 时间/d	5	6	30	6	12（第一口井） 24（第二口井）	60	42
累积产气量 /m³	470	1.3×10^4	2.4×10^4	12×10^4	3.5×10^4 20×10^4	30.9×10^4	149.86×10^4
日均产气量 /m³	94	0.22×10^4	0.08×10^4	2×10^4	0.3×10^4 0.833×10^4	0.5151×10^4	3.57×10^4
日最高 产气量/m³	350	0.4×10^4	0.5×10^4	约 2.5×10^4		3.5×10^4	
停产原因				出砂堵塞	出砂终止 其间发生冰堵 意外中断	圆满结束	完成既定 目标

1.2　我国天然气水合物勘查开发现状

与国外相比，我国天然气水合物资源调查研究工作起步相对较晚。至今大致经历了四个阶段：早期研究阶段、前期调查阶段、调查与评价阶段及勘查与试采阶段。

1. 早期研究阶段

20 世纪 80 年代末，我国科学家开始关注天然气水合物，对国际上海底天然气水合物的勘探研究进行了技术跟踪和信息资料的收集，并与俄罗斯和德国等国家开展不同程度的合作，取得了一定的研究成果。1990 年，中国科学院兰州冰川冻土研究所冻土工程国家重点实验室与莫斯科大学合作，成功地进行了天然气水合物人工合成实验。20 世纪 90 年代初，我国逐渐从综述性资料的翻译发展为勘查开发技术资料的引进。国内有关科研院所、大专院校开展了少量天然气水合物情报跟踪、前期研究和合成试验工作。1996年，地质矿产部和中国大洋协会设立了"西太平洋天然气水合物找矿前景与方法的调研""中国海域天然气水合物勘测研究调研"等研究项目，由中国地质科学院矿产资源研究所、地质矿产信息研究院、广州海洋地质调查局等单位承担，对天然气水合物在世界各大洋中的形成、分布及其对地质灾害和全球气候变化等方面的影响进行了初步研究，认为我国近海海域具有天然气水合物成藏条件。1998年，在国家高技术研究发展计划(863计划)的支持下，中国地质科学院、广州海洋地质调查局和中科院地质与地球物理研究所开展了"海底天然气水合物资源探查的关键技术"前沿性课题研究，并在南海北部示范区试验，初步探索了BSR处理技术和在我国当前技术条件下的地球化学、地热学研究方法。同年，国土资源部开展了"南海北部陆坡甲烷水合物资源调查与评价"立项论证，目标锁定在南海北部陆坡的西沙海槽、中建南盆地及东沙东南部3个海域(张洪涛等，2007)。

2. 前期调查阶段

自1999年开始，广州海洋地质调查局率先在我国南海北部西沙海槽开展天然气水合物调查，完成了部分地震和多波束测量工作，经初步研究，取得了一系列重要的物化勘探成果，发现了BSR、碳酸盐结壳等天然气水合物赋存的地球物理和地球化学标志，初步确认我国西沙海域存在天然气水合物。同期，台湾大学等有关单位也相继发表了南海台西南海域天然气水合物地震调查的新成果，为加强对南海天然气水合物的认识提供了可贵资料(陈忠等，2007，2008)。2001年，广州海洋地质调查局开展了南海天然气水合物形成条件、成藏标志和资源评价等工作的前期研究。通过对南海地震、地热资料和沉积物样品的重新处理与分析，对有关成矿远景的认识基本达成一致，初步认为我国南海天然气水合物资源潜力较大。

3. 调查与评价阶段

2002年，我国专门设立了针对天然气水合物的调查与评价项目，由广州海洋地质调查局在西沙海槽、神狐、东沙及琼东南等四个海域，有重点、分层次地开展了我国南海北部陆坡天然气水合物资源调查与评价。与此同时，在科学技术部制订的"十一五"发展纲要中，把天然气水合物的探索研究列为能源领域重点研究方向。国家高技术研究发展计划设立天然气水合物课题研究"十一五"863计划海洋技术领域重大项目"天然气水合物勘探开发关键技术"。国家重点基础研究发展计划(973计划)"南海天然气水合物富集规律与开采基础研究"就南海海域天然气水合物勘探开发等重大基础问题开展了研究。

2007年，中国地质调查局在南海北部神狐海域首次实施天然气水合物钻探，在神狐海域约1200m水深中的3个站位成功采集到了天然气水合物的实物样品，使我国成为继美国、日本、印度之后第4个通过国家级研发计划在海底钻获天然气水合物实物样品的国家。

通过该阶段的综合调查与系统研究，我国在南海北部发现了"深部似海底反射面+振幅空白带至浅部气烟囱+海底微地貌、碳酸盐结壳+沉积物地化异常"四位一体的多信息证据，进行了资源综合评价，优选了有利勘探目标区，实施了钻探验证，展示了我国南海北部海域巨大的天然气水合物资源远景，也证实了我国基础地质工作的可靠性。

在这一阶段，我国也全面启动了陆域天然气水合物资源勘查工作，获取了海量基础数据。2002~2004 年，中国地质调查局对青藏铁路沿线、东北地区及羌塘盆地开展了地质、地球化学的探索性调查。在唐古拉山附近地区、昆仑垭口盆地(62 道班)及羌塘盆地南缘的毕洛错—昂达尔错地区发现可能与天然气水合物有关的多项地质、地球化学异常，认为在多年冻土区的腹地存在以甲烷为主，含有丙烷和二氧化碳的天然气水合物。总结出温度与冻土分布、碳酸盐岩分布、间歇式烃类异常、泥火山、膏盐、蚀变共生 6 类冻土区天然气水合物的探测标志，认为青藏高原基本具备天然气水合物的形成条件，并指出羌塘盆地成藏条件要好于可可西里地区。

2004~2006 年，中国地质调查局对青藏高原和东北冻土区开展了一系列的地质、地球物理和地球化学调查工作。初步结果显示，中国冻土区，尤其是羌塘盆地、木里、风火山—乌丽地区、漠河盆地等具备较好的天然气水合物形成条件和找矿前景。2005~2007 年，中国地质调查局对冻土区天然气水合物的钻探技术和钻探工艺开展了探索性研究。

2008 年 11 月，我国在青海祁连山木里地区实施天然气水合物钻探，成功钻获天然气水合物实物样品，使我国成为世界上第一个在中纬度高原冻土带钻获天然气水合物实物样品的国家。也是继加拿大 1992 年在北美马更些三角洲、美国 2007 年在阿拉斯加北坡通过国家计划钻探发现天然气水合物之后，在陆域通过钻探获得天然气水合物样品的第三个国家。这一重大突破证明了我国冻土区存在天然气水合物资源，对认识天然气水合物成藏规律、寻找新能源具有重大意义。

4. 勘查与试开采阶段

自 2011 年起，进入了勘查与试开采阶段，在前期工作基础上，进一步开展了我国天然气水合物地质勘查及成矿理论、勘查技术、实验测试及环境效应研究工作。

在南海海域，围绕有利成矿带选定钻探井位，经过精心部署、多方论证，自 2013 年起，先后多次在南海北部多个海域钻获天然气水合物实物样品。2015 年，中国地质调查局联合中国石油、北京大学等单位，联合攻关天然气水合物试开采关键技术。2016 年，在神狐海域选定了试开采目标井位，并进行试开采前工程地质调查、洋流监测等工作，制定了试开采实施方案。

2017 年 3 月 28 日，在广东省珠海市东南 320km、水深 1266m 的南海神狐海域，正式开始实施第一口试开采井钻探。通过实施降压作业，5 月 10 日成功自海底以下 203~277m 的天然气水合物矿藏开采出天然气。通过此次试开采实现我国天然气水合物勘查开发理论、技术、工程和装备自主创新。7 月 9 日，在试开采连续 2 个月后，实施主动关井，累积产气量超 $30.9 \times 10^4 m^3$，平均日产 $5151 m^3$，最高瞬时产量达 $3.5 \times 10^4 m^3/d$，烃类气体中甲烷含量高达99.5%。

2020年，在蓝鲸Ⅱ号平台，采用水平井钻采技术又成功实施了神狐海域第二轮天然气水合物试采。第二轮天然气水合物试采在30d内累积产气$86.14 \times 10^4 m^3$，日均产气量$2.87 \times 10^4 m^3$，我国也成为全球首个采用水平井钻采技术试采海域天然气水合物的国家。

在陆域冻土区，我国在青海木里地区多口钻井中发现天然气水合物实物样品，赋存深度介于$133 \sim 396m$，呈薄层状、片状、脉状赋存于砂岩、粉砂岩、泥岩的裂隙面中，部分以浸染状赋存于细粉砂岩的孔隙中。天然气水合物中的气体组分以甲烷为主（55%～76%），此外还含有较高的乙烷、丙烷等组分，部分样品中还含有一定量的CO_2，为一种世界上较为罕见的新类型天然气水合物。

2011年，我国运用降压法和加热法对祁连山木里地区天然气水合物进行了试采，试采共进行了101h，采气量达到$95m^3$。试采结果表明，降压法是最经济的开采方式，若同时采用加热法开采，瞬时产气量将显著增加，试采效果更为明显。

2016年，针对祁连山木里地区天然气水合物以裂隙型产状为主、低饱和度、分布不均等储层特点，创新提出"山"字形水平对接井试采方案。运用排水降压法，分两个阶段进行了天然气水合物试采，累积生产23d，总产气量$1078.4m^3$，较2011年单井产气量（$95m^3$）有明显提高，开采效能明显提升。

1.3 天然气水合物勘查及开采技术进展

1.3.1 勘查技术进展

天然气水合物勘查技术手段较多，主要包括地球物理勘查技术、地球化学勘查技术、生物勘查技术、海底可视化技术和地质取样技术等五大类，每一类又可以进一步细分。总体上，地震调查技术是海域天然气水合物勘查最有效的手段。国际上早期主要通过地震调查开展天然气水合物探测，海洋天然气水合物地震调查技术已从早期的单道地震、二维多道地震勘探发展到现在的三维高分辨率地震、垂直缆地震、OBS/OBC等高精度探测。

目前我国已经发展形成了以地震调查为主，深水浅剖、多波束、无人遥控潜水器（ROV）近海底探测和遥感探测相结合的海域天然气水合物立体观测综合调查技术体系。针对我国海域特点，自主研制了一批关键技术设备，极大提高了找矿勘查精度。特别是成功自主研制"海马"号4500m作业级深海无人遥控探测潜水器，国产化率超过90%，填补了国内空白，为我国天然气水合物勘查及深海矿产资源调查增添了新利器。高分辨率小道距多道地震、海洋可控源电磁探测、保压取心钻具等关键核心技术装置均取得突破，并在天然气水合物勘查中逐步应用。

1. 勘查技术进展概述

1）地球物理勘查技术

地球物理勘查技术在海域天然气水合物的发现和调查中起到至关重要的作用，从早期在单道地震剖面上发现 BSR 并经钻探证实天然气水合物的存在,到目前世界范围海域的天然气水合物调查和发现,都与地球物理技术的应用密不可分。特别是进入 21 世纪以来,天然气水合物地球物理勘查技术的应用更加广泛。地球物理勘查技术包括地震勘探(多道地震和单道地震)、浅表层地球物理探测方法(浅层剖面、旁侧声呐和海底多波束)、海底电磁探测、热流测量及地球物理测井方法等。

2) 地球化学勘查技术

地球化学提供了多种有效的天然气水合物识别方法,可以与地球物理方法互为补充。由于天然气水合物极易随温度压力的变化而分解,导致在海底浅表层沉积物形成烃类气体、孔隙水和自生矿物的含量及同位素组成等的地球化学异常。这些异常不仅可指示天然气水合物可能存在的位置,而且可利用其烃类组分比值(如 C_1/C_2)及碳同位素成分等指标判断天然气的成因。因而,地球化学方法成为识别海底天然气水合物赋存的有效方法。主要采用烃类气体地球化学探测技术、孔隙水地球化学探测技术、自生矿物地球化学探测技术和同位素地球化学探测技术等。

3) 微生物勘查技术

海洋沉积物中微生物在地球科学中的应用属于国内外近几年来发展迅速的一个新兴交叉学科领域,涉及生物地质学、地质微生物学及极端生物、微生物与矿物相互作用等前沿方向。在海洋天然气水合物分布的海底低温高压环境中生活的底栖微生物包含细菌、古生菌和真核生物 3 个域的微生物。这些微生物类别包括分解沉积物中有机质而提供生物成因气的微生物、将天然气水合物中甲烷氧化的微生物及依靠这些微生物而生存的化能异养大生物,如蠕虫、双壳类等。所有这些生物形成了一种以甲烷为源的低温高压极端生物生态体系。

国内外利用海洋地质微生物识别天然气水合物技术的研究还处于起步阶段,但国内外最近几年的微生物探测技术实践证明,微生物对天然气水合物的示踪技术的研发和应用为未来更精确的天然气水合物勘查提供一个新的、更灵敏的技术手段,有助于提高对天然气水合物矿体的识别精度。

4) 海底可视勘查技术

海底可视勘查技术是一种可以直观地对海底地形地貌、表层沉积物类型和生物群落等进行实时观察的调查手段。目前国内外可用于海底可视观察的设备主要有海底摄像系统、电视抓斗、深拖系统和 ROV 等。在国外这几种设备都先后应用于天然气水合物调查中,而在我国仅使用了海底摄像系统。这四种调查设备各有所长,除海底摄像系统外,其他三种都是各种技术的集成,但它们都有一个共同的特点,即都具有海底可视观察的功能。

5) 地质取样技术

天然气水合物取样主要包括两个方面:海底浅表层地质取样和钻探取心。前者用于获取海底表层和浅部(数米至数十米)的沉积物或天然气水合物样品,后者的取样深度可达数百米。

2. 我国勘查技术进展

1) 建立了完整海洋地质调查技术方法体系

掌握了各种先进的海洋地质取样技术，自主研制了能够满足我国全海域地质取样需要的系列设备，如箱式取样技术、抓斗取样技术、多管取样技术、拖网取样技术、重力柱状取样和重力活塞取样技术等。同时，引进了国际先进的多波束、地震、浅地层剖面、温盐深（CTD）、声学多普勒流速剖面仪（ADCP）及海流测量等物理海洋设备。最终形成了包括地形地貌、地震剖面、浅层剖面等立体化的、针对天然气水合物调查的一整套技术方法体系。

2) 自主创新技术获重大突破

自主研制了一批与天然气水合物勘查、取样、测试分析相关的、达到国际先进水平的高新技术装备。例如，自主研制了我国第一台4500m级非载人遥控探测潜水器（图1-1），突破了潜水器自动控制、深海液压单元、大深度浮力新型材料等重大关键核心技术。设备国产率超过90%，具有运载能力大、扩展功能强、作业风险低、操作简便等技术优势。自主研制的天然气水合物海洋可控源电磁探测技术体系已基本形成，研发了可控源电磁探测的主要设备，形成了一套适合南海天然气水合物调查的较为完善的野外资料采集方法，并开发了海洋可控源电磁数据处理程序。程序在多次海试中获得了成功，目前已应用于天然气水合物勘查工作。自主研制的3000m级海底深拖系统，可获取精细

图 1-1　4500m 级 ROV 获取的海底图片

海底泥质的地形地貌，成功地应用于海底活动冷泉的发现。此外，还自主研发了高分辨率准三维地震与海底高频地震联合探测技术、天然气水合物地球化学快速探测系统、天然气水合物重力活塞式保真取样器等国际领先的技术与设备。

3) 天然气水合物调查的测试技术达到国际一流水平

建成了功能齐全的自然资源部(原国土资源部)标准化天然气水合物重点实验室，拥有功能较全的天然气水合物低温物性模拟实验室(最低温度 0℃，控温精度±0.5℃)及超低温样品测试实验室(最低温度−50℃，控温精度±0.1℃)。配备显微激光拉曼光谱、固体核磁共振等大型分析测试仪器，研制了多套天然气水合物模拟实验装置，开发了多种实验技术，可以进行天然气水合物地球物理、地球化学及微观动力学等多方面的实验研究。测试分析与实验模拟研究持续保持国际一流水平。

1.3.2　开采技术进展

随着人们对天然气水合物研究的不断深入，天然气水合物的勘探技术正日趋完善。但是如何把天然气从天然气水合物中开采出来作为能源利用，至今还没有很成熟的技术，很多开采方案只是概念模式，开采技术和工艺还停留在理论和实验阶段。此外，天然气水合物的不合理开发可能导致全球性的气候灾难(Kvenvolden，1988b)。因此，如何解决天然气水合物开采的安全性、有效性和经济性问题，将是我们面临的最大挑战。

作为一种特殊的油气资源，天然气水合物的勘查开发与石油、天然气类似，也要进行勘查、储量评价、生产能力评价、采收率评价等，选取合适的开采平台，综合各种因素提出开发方案。但同时，天然气水合物在开采方法上与常规油气资源不同，常规石油天然气在地下是流体，开采后仍是流体；而天然气水合物在埋藏条件下是固体，在开采过程中其形态将会发生变化，从固态变为气态，也就是说，天然气水合物在开采过程中发生相变。针对天然气水合物的这一性质，目前，大多数的开采思路基本上都是首先考虑如何人为地打破沉积物中天然气水合物稳定存在的温度压力条件，将其分解成天然气，然后将天然气采至地面。综合各国科学家提出的开采技术，主要有加热法、降压法、注化学剂法、CO_2 置换法等四类。

1. 加热法

开采天然气水合物最简单直接的方法是加热法，即通过钻探直达天然气水合物赋存地层，利用多种方式(比如注入热水、热盐水、蒸汽或者其他热流体或者电加热、电磁加热、微波加热等)对储层进行加热使其升温，打破原有的天然气水合物赋存平衡，促使天然气水合物矿体分解为气态甲烷并进行收集开采。加热法开采天然气水合物矿藏的基本流程：热流体从井口注入管柱，从射孔孔眼进入到天然气水合物目的层；加热天然气水合物以促使天然气水合物分解，而后分解产生的气体、水及注入的热水等形成的混合流体从管柱及井筒的环形空间返回到地面。在高压分离器和低压分离器中依次进行气水分离，产生的气体可以进行回收。气液分离后的液体被加热和加压，重新注入井底，实现循环注热法开采天然气水合物矿藏。

此方法的优点是可以直接利用油气钻采工具和相关工艺，技术实现难度较小。缺点是单位开采消耗能量较大，费效比低，实施大规模生产时储层稳定性、安全性无法有效控制。

2. 降压法

另一种被充分研究并实际应用的方法是降压法，简单地说，就是通过降低天然气水合物储层压力，促使其分解，释放天然气。实际上，降压就是使天然气水合物稳定带低于相平衡的压力，从而促使其分解。此种技术需要钻探到天然气水合物稳定带之下，通过抽取天然气水合物层之下的游离气聚集层中的天然气，或由加热法或加化学剂作用形成一个天然气囊，与天然气接触的天然气水合物变得不稳定并且分解为天然气和水。另外，通过调节天然气的开采速度可以达到控制储层压力的目的，进而达到控制天然气水合物分解的效果。降压法最大的特点是不需要昂贵的连续激发，因而可能成为今后大规模开采天然气水合物的有效方法之一。

降压法适合开采高渗透率和深度大于 700m 的天然气水合物矿藏。其特点是经济、无须增加设备和昂贵的连续激发作用、可行性较高，但其作用缓慢，不能用于储层原始温度接近或低于 0℃的天然气水合物藏，以免分解出的水结冰而堵塞气层。2017 年，我国南海首次天然气水合物试开采获得成功，就是针对神狐海域天然气水合物储层的特殊性，采用了基于降压法的"地层流体抽取法"。

3. 注化学剂法

注化学试剂法是指在试开采过程中向储层中注入 NaCl 水溶液、甲醇、乙醇、乙二醇和丙三醇等化学剂，改变天然气水合物生成的相平衡条件，降低天然气水合物稳定温度，从而可以使天然气水合物在较低的温度下分解。通过从井口泵入化学试剂，引起天然气水合物的分解。

注化学剂法较加热法作用缓慢，但可以有效降低初始能量输入。注化学试剂法最大的缺点是费用昂贵，并且对环境有较大的污染。此外，由于大洋中天然气水合物的压力较高，因而不宜采用此方法。Max 和 Lowrie(1996)用注化学试剂法在美国阿拉斯加的普鲁德霍湾气田的永冻层天然气水合物中做过实验，证明此法在移动相边界方面有效，获得明显的气体回收效果。

4. CO_2 置换法

CO_2 置换法被认为是较为理想的开采方法。深海地层处置 CO_2 被认为是减少 CO_2 排向大气的有效手段。研究显示，当 CO_2 被收集起来并注入深海地层时，将生成 CO_2 天然气水合物。因此，若将 CO_2 注入天然气水合物聚集层，则既能将其中的 CH_4 置换出来，又能有效减少 CO_2 向大气的排放。这种方法考虑了天然气水合物的分解和生成机理，不仅提高了开采的经济性，而且还提供了开采后消除环境影响的对策，而后者正是海域天然气水合物开采中面临的难题。目前，CO_2 置换开采的机理还不十分清楚，其技术方法研究处于探索阶段。

第2章 天然气水合物资源评价现状

早期，对全球天然气水合物资源量预测主要采用容积法，限于勘查程度及认识水平，在参数选取上具有较大的主观随意性，因此，早期的资源预测结果不确定性较大。随着全球天然气水合物勘查资料的不断丰富、研究程度及资源评价技术水平的不断提高，逐步建立并完善了资源评价的基本理论、研究思路与评价流程，对评价参数的取值和评价结果的合理性也进行了研究，天然气水合物资源量评价方法得到了较大发展，评价精度得到了较大的提高。

2.1 国外天然气水合物资源预测现状

全球天然气水合物资源量的正确评估对于明确天然气水合物在全球资源和环境中的地位尤为重要。自20世纪60年代以来，许多学者相继对全球海洋和陆地上天然气水合物的资源量进行了预测，Makogon(1966)基于理论最早计算了天然气水合物的资源量，此后，陆续有很多学者发表了有关全球天然气水合物资源量的文章(Trofimuk et al.，1973；1975；1977；Trofimuk，1979；Dobrynin，1981；Kvenvolden，1988a；Kvenvolden and Kastner，1990；Gornitz and Fung，1994；Holbrook et al.，1996；Milkov et al.，2003)。但由于各自对实际资料的掌握程度及评价方法的差异，预测结果相去甚远(表2-1)，最大差异高达5个数量级。目前来说，对全球海底天然气水合物甲烷资源量较乐观的估算数字为 $1.8 \times 10^{16} \sim 1.39 \times 10^{17} m^3$，较谨慎的估算数字则低于 $1 \times 10^{15} m^3$。

表2-1 全球天然气水合物甲烷资源量预测表

陆地/$10^{15}m^3$	海洋/$10^{15}m^3$	资料来源
	3021～3085	Trofimuk 等(1973)
	1135	Trofimuk 等(1975)
	1573	Cherskiy 和 Tsarev(1977)
	1550	Nesterov 和 Salmanov(1981)
	>0.016	Trofimuk 等(1977)
	110～130	Trofimuk(1979)
0.031	3.1	Mclver(1981)
0.057	5～25	Trofimuk 等(1981)
34	7600	Dobrynin(1981)
0.014	3.1	Meyer 和 Olson(1981)
	15	Trofimuk 等(1983b)

陆地/$10^{15}m^3$	海洋/$10^{15}m^3$	资料来源
	40	Kvenvolden 和 Claypool(1988)
	20	Kvenvolden(1988a)
0.74	20	MacDonald(1990)
	26.4～139.1	Gornitz 和 Fung(1994)
	22.7～90.7	Harvey 和 Huang(1995)
	1	Ginsburg 和 Soloviev(1995)
	6.8	Holbrook 等(1996)
	1.5	Makogon(1997)
0.1	10	Makogon 等(1998)
	＞0.2	Soloviev(2002)
	3～5	Milkov 等(2003)
	1～5	Milkov(2004)
0.003	0.28	Boswell(2011)
	0.0082～2.1	Burwicz 等(2011)
	≥0.87	Wallmann 等(2012)
	1.05	Piñero 等(2013)
	0.95～5.7	Kretschmer 等(2015)

依据勘查程度及认识，不同学者对全球天然气水合物资源量的预测大致经历了三个不同的阶段。

1. 第一阶段

20 世纪 70 年代至 80 年代早期为第一阶段。在这个阶段，天然气水合物尚未开展实质性调查，大部分学者一般假设天然气水合物在沉积层中的稳定带内连续分布，然后主要采用容积法对全球天然气水合物资源量进行初步测算。在研究中，一般认为天然气水合物的分布范围很广，在沉积物中的填充率也很高。例如，最具代表性的是苏联科学家 Trofimuk 等(1973)在预测海底天然气水合物资源量时，假设天然气水合物在 93%的海洋存在，且占沉积物孔隙体积的 100%，其估算海域天然气水合物资源为(3021～3625)×$10^{18}m^3$。随后于 1975 年，他将温压对天然气水合物赋存厚度影响引入其中，计算得到海域天然气水合物资源量为 1135×$10^{18}m^3$。Trofimuk(1979)进一步减少了天然气水合物成藏的分布面积，重新计算海域天然气水合物资源为(110～130)×$10^{18}m^3$。1981 年，Trofimuk 等基于最新认识又重新估算了全球天然气水合物资源量，陆地为 57×$10^{12}m^3$，海洋为(5～25)×$10^{15}m^3$。1983 年，美国天然气远景委员会(Potential Gas Committee)对过去的估算结果进行了归纳总结，认为天然气水合物中甲烷的含碳量是现存已知的化石燃料沉积(煤、石油和天然气)中含碳量的 2 倍，该观点得到了较多学者的认同。

在这个阶段也有学者提出了不同的看法(McIver，1981；Meyer and Olson，1981)，

他们认为在很多含天然气水合物地区，天然气水合物在沉积物中的饱和度是很低的，他们的预测结果与后来的一些估算值比较接近。

2. 第二阶段

20 世纪 80 年代早期～90 年代中期为第 2 阶段，在这个阶段，深海钻探计划和大洋钻探计划开展了专门的天然气水合物研究钻探航次，人们对海域天然气水合物分布有了更为清晰的认识，特别是天然气水合物的钻探为其关键评价参数提供了直接依据。研究人员也逐步认识到天然气水合物不可能在整个大洋中存在，一些研究甚至认为天然气水合物仅分布在大陆边缘的小部分区域。1983 年，Trofimuk 等(1983a，1983b)基于最新认识成果，对前期估算进行了校正，得到海洋为 $15 \times 10^{15} \mathrm{m}^3$。目前，该估算值得到了较多学者的认同，一般将该数值作为全球天然气水合物资源量的参考值。在这个阶段，成因法也开始用来作为天然气水合物资源评价的方法。1988 年，Kvenvolden(1988a)根据有机碳的临界值(大于 0.5%)来评估天然气水合物的资源潜力，在研究中一般假设沉积物中天然气的浓度范围从 0%～100%，最终估算得到海洋为 $20 \times 10^{15} \mathrm{m}^3$。1994 年，Gornitz 和 Fung(1994)利用容积法计算的世界海域天然气水合物中的甲烷资源量为 $2.64 \times 10^{16} \sim 1.39 \times 10^{17} \mathrm{m}^3$。

该阶段基于实际数据的容积法评价参数取值更为合理，评价结果基本稳定在 $10^{16} \mathrm{m}^3$，评价结果差异性明显减少。

3. 第三阶段

20 世纪 90 年代中晚期以来为第 3 阶段，在这个阶段，随着全球天然气水合物勘查资料的丰富、研究程度及资源评价技术水平的不断提高，资源评价的基本理论、研究思路与评价流程相对前两个阶段更加成熟，对评价参数的取值和评价结果的合理性也进行了研究，天然气水合物资源量评价方法得到了较大发展，评价精度得到了进一步的提高。对天然气水合物资源量的评价参数大都是根据 DSDP 和 ODP 钻井获得的直接和间接数据来进行的。一般认为天然气水合物的生成和聚集是不连续的，天然气水合物的聚集是岩石孔隙中被天然气水合物不同程度充填的结果，天然气水合物不可能是大面积连续分布的(Soloviev，2002)。Milkov 等(2003)根据 DSDP/ODP 航次全球硫酸盐-甲烷界面研究成果(Borowski et al.，1999)，假设天然气水合物在大约 30%的大陆边缘地区聚集。很多学者根据间接或直接的测量和钻井数据，预测了天然气水合物气体资源量(Ginsburg and Soloviev，1995；Soloviev，2002)。由于在预测中认为含天然气水合物面积和天然气水合物的饱和度估算值较低，大多数估算值在 $10^{14} \sim 10^{15} \mathrm{m}^3$，比前期的估算值又低了 1～2 个数量级。例如，Soloviev(2002)根据天然气水合物形成的地质条件编制了 1:15000000 全球海洋矿产预测图，计算出天然气水合物分布的海洋面积约 $3.57 \times 10^7 \mathrm{km}^2$(占海洋总面积的 10%)。其中，北冰洋海区、南极洲海区、大西洋、太平洋和印度洋分别占 12.3%、19.7%、38.2%、15.4% 和 14.4%。假设全球海洋中天然气水合物平均丰度为 $5.0 \times 10^6 \mathrm{m}^3/\mathrm{km}^2$，乘以天然气水合物的分布总面积($3.57 \times 10^7 \mathrm{km}^2$)，得出全球海洋中天然气水合物的气体总

量仅为 $1.8\times10^{14}m^3$，与以往发表的估算值相差很大。这个估算值是根据原始数据推算的，而不是来自一般的假设，从计算方法上来看它的基础最好。据此评价结果，全球海洋天然气水合物中的气体总量不会超过 $1.0\times10^{15}m^3$，但亦不会低于 $1.8\times10^{14}m^3$。Boswell (2011)综合前人资料并经数字模拟，认为蕴藏于海底天然气水合物中的 CH_4 的总量约为 $2.83\times10^{15}m^3$。与 2009 年美国能源部估算值的下限基本一致。因此，可以认为全球天然气水合物的资源总量为 $n\times10^{15}m^3$ 是比较符合实际的。

Boswell (2011)认为，大多数赋存于海底下不渗透层中的侵染状天然气水合物因其含量太低(孔隙填充度＜10%)，可能永远不具有经济开发价值。从资源前景来看，具有开采价值的"资源级"天然气水合物的资源量，海洋型的约为 $280\times10^{12}m^3$。大陆冻土带中的约为 $2.8\times10^{12}m^3$。即使这一最保守的估算值仍然是全球天然气总储量的 1.56 倍，是全世界年消耗天然气总量的 100 倍。

综上所述，在对全球天然气水合物资源量预测时，各种估算都带有推测性和不确定性。但是应该注意到，尽管近 10 来年对全球天然气水合物资源量的估算值与以前的相比有所降低，但作为新能源的天然气水合物的潜在资源量十分巨大这却是无可争议的。不同的研究者虽然对于天然气水合物含甲烷资源量的预算结果有所不同，主要是由于对于不同海域不同天然气水合物赋存区带地质调查工作和资料掌握程度有所不同，也与研究者的评价方法，尤其是所采用参数的不同有关。随着全球天然气水合物勘探资料的丰富、勘探研究程度及资源评价技术水平的不断提高，天然气水合物资源量的预测值将会不断得到修正，其精度也将会得到进一步的提高。

2.2　我国南海天然气水合物资源评价进展

我国南海海域天然气水合物资源评价工作始于上世纪 90 年代，至今主要经历了三个阶段：第一阶段(1999～2002 年)、第二阶段(2003～2010 年)及第三阶段(自 2011 年以来)，随着勘查程度及认识的不断提高，南海海域天然气水合物资源评价工作取得了不断发展。

1. 第一阶段(1999～2002 年)

1999 年，广州海洋地质调查局正式启动"西沙海槽区天然气水合物资源调查与评价"项目，1999～2000 年连续两年在西沙海域进行了天然气水合物资源调查，完成多道地震测量 1523.49km、海底多波束地形测量 703.5km、海底表层地质采样 15 个。首次在西沙海槽发现了天然气水合物存在的重要地球物理标志——BSR、反射振幅空白、BSR 波形极性反转及速度异常等。同时，结合海底表层地质-地球化学取样、海底多波束、浅层剖面及海底摄像等多学科综合调查，发现了与天然气水合物相关的间接地球化学异常标志及碳酸盐结壳等地质标志，这些异常特征所处部位与本区地震反射记录所揭示的异常区分布相吻合，初步确认了天然气水合物资源的存在。

2. 第二阶段(2003～2010 年)

从 2002 年起，广州海洋地质调查局开始系统对我国南海北部西沙海槽、神狐、东沙及琼东南等 4 个海域，有重点、分层次地开展了天然气水合物资源调查与评价，并实施了钻探，获得了天然气水合物实物样品，取得了海域天然气水合物勘查评价的阶段性突破。

本阶段南部海域天然气水合物资源调查与评价取得的主要成果如下。

(1)发现异常标志：在南海北部陆坡西沙海槽、东沙海域、神狐海域和琼东南海域开展了以地震、地质、地球化学等为主的多手段综合调查，系统发现了深层—浅层—表层的地球物理、地球化学、地质和生物等多信息异常标志，充分证实我国海域存在天然气水合物。

(2)起草评价规范：分析了天然气水合物资源与传统的矿产资源(固体矿产、煤、石油天然气、海底多金属结核)在勘探流程和评价方法上的相似与差异，在归纳、总结 10 年来我国海域天然气水合物各个勘探阶段的工作流程和评价方法的基础上，起草了《海域天然气水合物资源评价规范》。

(3)实现战略突破：成功组织实施了南海北部陆坡神狐海域天然气水合物钻探两个航次，发现并取得含天然气水合物的沉积物实物样品(图 2-1)，实现了我国天然气水合物资源调查和找矿的重大战略突破，对我国解决未来能源接替问题具有重大而深远的战略意义。

(4)评价资源潜力：根据 BSR 分布面积、推测的含天然气水合物层厚度及地球物理、地球化学和地质、生物异常信息，通过科学类比分析，选取合理参数，根据不同勘探程度对南海北部天然气水合物资源进行分级评价。评价表明，南海北部陆坡具有良好的天然气水合物资源远景。

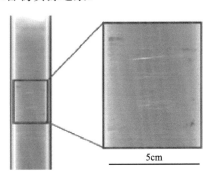

(a) 含天然气水合物岩心X-射线扫描图像

(b) 含天然气水合物岩心样品

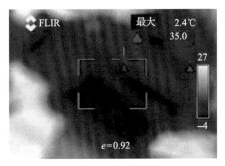

(c) 岩心红外成像照片

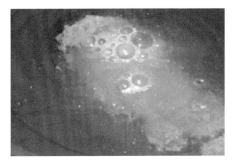

(d) 天然气水合物分解后冒气泡现象

图 2-1　2007 年神狐海域钻探发现的天然气水合物岩心特征

通过对钻探取样、测井和地震资料的综合分析，证实钻探区天然气水合物分布区总面积约 22km²，天然气水合物气体资源量约为 $194 \times 10^8 m^3$。神狐海域天然气水合物具有饱和度高、厚度大、成片分布、甲烷含量高、呈均匀分散状分布等特点，作为一种潜在的能源，具有非常高的开发利用前景。

在对地质、地球物理、地球化学资料进行综合分析的基础上，利用速度资料反演了东沙和琼东南等重点区块内含天然气水合物沉积层的饱和度，为天然气水合物资源量计算提供了关键参数。结合天然气水合物成矿的地质及热力学条件，梁金强等(2016)利用概率统计法对南海海域天然气水合物资源前景进行初步预测，约 $65 \times 10^{12} m^3$。张树林 (2007)预测珠江口盆地白云凹陷及周边深水区天然气水合物资源量 $(9 \sim 60) \times 10^{12} m^3$。

(5)建立了以天然气水合物成矿条件、地球物理特征、地球化学特征和矿区规模 4 个基本要素构成的天然气水合物综合评价体系，利用"二级模糊综合判断法"对天然气水合物有利区块进行了定量评价。

3. 第三阶段(2011 年以来)

自 2011 年起，我国进入天然气水合物勘查与试采阶段。先后在珠江口盆地东部钻获多种类型的天然气水合物，在珠江口盆地西部海域也首次通过重力取样和钻探发现天然气水合物。在南海北部海域钻探证实两个超千亿方级天然气水合物矿藏。并首次在南海神狐海域开展天然气水合物试采，取得巨大成功。该阶段主要取得的成果如下。

(1)系统开展了南海北部海域天然气水合物资源勘查，最新圈定评价了一批天然气水合物成矿区带和有利区块。

在南海北部陆坡系统开展天然气水合物资源的普查、详查与钻探工作，全面总结了南海北部海域不同构造背景下天然气水合物成藏地质条件，提出了扩散型、渗漏型及混合型天然气水合物的成藏模式，最新圈定评价了一批天然气水合物成矿有利区。

(2)2013 年在珠江口盆地东部海域首次钻获高饱和度天然气水合物，首次钻探证实超千亿方级天然气水合物矿藏。

2013 年 6～9 月，中国地质调查局在南海东北部海域实施天然气水合物钻探工程，共完成 13 个站位，23 口井的测井及钻探取心工作，其中随钻测井 10 口，电缆测井 3 口，取心井 10 口。本次钻探获取了大量的层状、块状、结核状、脉状及分散状等多种类型天然气水合物实物样品，天然气水合物矿体具有"赋存类型多、矿层厚度大、饱和度高、甲烷纯度高"等矿藏特点。天然气水合物埋深在海底以下 5～250m，储层厚 10～32m，深部天然气水合物饱和度在 25%～55%，甲烷含量超过 99%。钻探控制矿藏面积 55km²(图 2-2)，预测天然气储量超过 $1000 \times 10^8 m^3$。

(3)2015 年在神狐海域钻探证实超千亿立方米级天然气水合物矿藏。

2015 年 6～9 月，在神狐海域 19 个站位实施 23 口探井钻探，钻探证实 19 个站位均存在天然气水合物，钻探成功率为 100%。通过对 W11、W17、W18 和 W19 四个站位进行钻探取心，获取了大量含天然气水合物岩心样品，通过对样品的测试分析，证实天然气水合物分布情况与测井基本吻合。结合测井、钻探取心及三维地震资料的综合分析，圈定矿藏面积为 128km²，矿层厚度为 20～100m，含矿率为 20%～70%，矿藏具有分布广、厚度大、饱和度高的特点。圈出 10 个规模较大的矿体(图 2-3)，控制资源量超过 $1500 \times 10^8 m^3$(折算成常规天然气)，其中通过钻探取心落实的 2 个大型矿体，预测天然气储量达 $400 \times 10^8 m^3$。

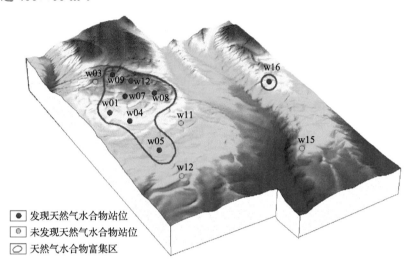

图 2-2　2013 年珠江口盆地东部海域钻探区天然气水合物矿藏分布

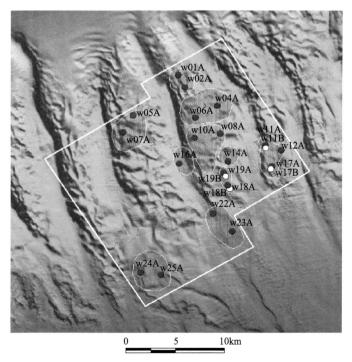

图 2-3　神狐海域钻探区天然气水合物矿体平面分布图

红色实心圆为随钻测井孔，白色实心圆为取心孔

(4) 2015 年在珠江口盆地西部海域实现重大发现。

2015 年 3～5 月，广州海洋地质调查局利用自主研发的"海马"号非载人遥控探测潜水器在珠江口盆地西部海域重点目标区执行 3 个站位的海底详查工作，在 2 个站位发现了双壳类生物群、甲烷生物化学礁、碳酸盐结壳和气体渗漏等活动性"冷泉"标志，显示出该海域具有良好的天然气水合物赋存前景。ROV 观察结果表明，该区域海底依赖甲烷气体生存的双壳类生物群落非常发育(图 2-4)，并存在大面积分布的碳酸盐结壳(图 2-5)。在 ROV 机械手抓取海底样品等作业工程中，出现了大量甲烷气体渗出现象，ROV 携带的探测仪器数据表明该"冷泉"区存在近海底海水低温异常和超高甲烷含量异常，是海底天然气水合物赋存的有力证据。利用拖网在 2 个站位也获取了大量贻贝、管状蠕虫、巨蛤等冷泉标志生物。随后利用大型重力活塞取样器，在其中两个站位成功获取块状天然气水合物实物样品(图 2-6)，水深分别是 1381m、1405m，含天然气水合物层段分别位于海底以下 7.95～8.20m、4.95～5.10m。我国又一次在南海北部陆坡新的海域取得实物样品，实现找矿重大发现。

图 2-4　"海马"号深潜器获取"冷泉"生物样品

图 2-5　"海马"号深潜器获取"冷泉"碳酸盐结壳样品

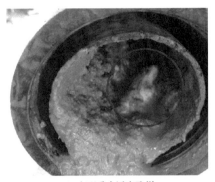

(a) 大型重力活塞取样

(b) 取样管中获取的天然气水合物

(c) 块状天然气水合物样品

(d) 天然气水合物样品点火

图 2-6　珠江口盆地西部海域首次获取块状天然气水合物实物样品

　　总体来说，我国南海海域天然气水合物资源勘查与评价工作取得较大发展，随着南海海域天然气水合物勘查研究程度的提高及认识程度的加深，充分考虑其形成过程的复杂性与系统性，天然气水合物资源量估算方法也在逐步得到完善，资源量计算结果的合理性也得到较大提高。

第3章 天然气水合物资源评价方法

进行天然气水合物的开发，首先要了解天然气水合物的资源情况，而对天然气水合物资源量的评价，实质上是对其释放的有效天然气进行评价。目前国际上天然气水合物资源量的含义主要参照美国地质调查局制定的矿物的资源量/储量分类标准。我国目前没有颁布专门的天然气水合物资源储量分类标准，可以参照现有油气资源量评价体系对其进行定义及分类。

3.1 天然气水合物矿产资源量含义及分类

天然气水合物总量是指在地壳中由地质作用形成的天然气水合物及其伴生气的自然聚集量，不考虑是否已被发现或者从经济、技术角度上是否被开采。天然气水合物矿产资源不能把地下存在的全部天然气水合物考虑进来，而只应把能在一定程度上聚集成为资源的天然气水合物及其伴生气作为对象，以数量、质量和空间分布来表征，其数量以换算到20℃、0.101MPa的地面条件下天然气的总量为准。

根据对天然气水合物的勘查程度，将天然气水合物矿产资源可进一步分为资源量和地质储量(图3-1)。

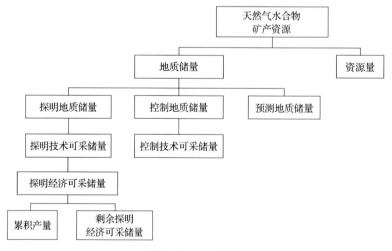

图3-1 天然气水合物矿产资源分类图

1. 资源量

在天然气水合物的概查和普查阶段，利用地质、地球物理、地球化学等资料，经过天然气水合物成藏地质规律研究，运用具有针对性的方法估算的，在一定程度上可以聚集成资源的天然气水合物及其伴生气所形成的天然气水合物矿产资源量。天然气水合物矿产资源量未经钻探工程验证，具有一定的不确定性。

2. 地质储量

在钻探发现天然气水合物后，根据地震、钻井、测井和测试等资料估算的天然气水合物数量为地质储量。按勘查程度和地质认识程度由低到高依次分为三类：预测地质储量、控制地质储量和探明地质储量。探明地质储量中通过现有技术可开采的部分为探明技术可采储量，其中在当时市场条件下具有经济效益(即储量收益可以满足投资回报要求)的部分为探明经济可采储量，这部分由累积产量和剩余探明经济可采储量两部分组成。

3.2　天然气水合物资源量预测思路

3.2.1　早期天然气水合物资源量预测方法

20 世纪 80 年代至 90 年代初，许多学者在基于天然气水合物形成控制条件与分布规律分析与推测基础上，利用容积法对全球天然气水合物所含甲烷资源量进行过估算(Dobrnin, 1981; McIver, 1981; Kvenvolden,1988a; Sloan, 1998)，但由于实际资料的缺乏，参数的选择主要依据各种各样的假设，不同学者的估算结果差别很大，甚至相差几个数量级。20 世纪 90 年代中后期，随着地震反射、测井、钻井取样与测试技术在天然气水合物勘探中的广泛应用，一系列间接的地球物理方法被用来对天然气水合物与下伏游离气体的资源量进行了估计，参数的选择往往通过实测资料推算获得，其精度和可靠性大大提高。此外，还有人以孔隙水盐度淡化程度来测算天然气水合物资源，也有人以天然气水合物成因模型有关的特定地质特征或属性为测算基本单元，累计统计同类型天然气水合物分布区域内的资源量。这种方法在求算天然气水合物资源量方面有一定的实用性，但也存在着或多或少的缺陷和局限性。

针对勘查程度较低的区域，早期对天然气水合物资源量推测条件主要如下。

(1)认为天然气水合物在沉积层中的稳定带内是连续分布的，以此设定相关参数进行预测。

(2)根据天然气水合物稳定带的分布面积、厚度、体积，并着重根据天然气水合物所在沉积层的时代设定孔隙度，而后进行预测。

(3)以地震勘探数据为依据再考虑相关参数的取值。

(4)认为天然气水合物是上升流体在稳定带内沉积形成的，且稳定带内天然气水合物饱和度在底部较高，向上逐步降至零(到海底)，以此进行测算。

(5)根据地震反射资料，将含天然气水合物沉积所具有地震空白反射效应定量化并成图，但该法不能计算 BSR 下的游离气。

(6)用波形反转法建立速度模型，可以计算天然气水合物稳定带及其下的游离气的含量，该法不适于用在气体饱和度大于 2%的情况。

(7)用地震反射系数或振幅偏移距计算天然气水合物及与 BSR 有关的游离气。

基于容积法计算海底天然气水合物储层中所包含的气体量主要取决于以下 5 个参数的影响：①天然气水合物分布的面积；②天然气水合物储层的厚度；③储层沉积物的孔隙度；④储层沉积物中天然气水合物的饱和度；⑤天然气水合物的产气因子(标准状态下)。实际天然气水合物矿产资源量是这五个参数的乘积，因而利用容积法对海底天然气水合物矿产资源的定量评价的方法(基于简单代数运算的常规容积法或基于概率统计计算的蒙特卡罗法)，本质上都是针对这五个参数的估计和对 5 个参数的乘积计算。

因而，天然气水合物资源评价的精度主要依赖于以上 5 个参数获取的手段、精度和可靠性。依据在实际勘查过程中参数的获取手段，天然气水合物资源评价参数选取方法主要分为 3 种：相似类比法、间接测量法和直接测量法。不同的参数选取方法适用于不同程度的勘查阶段，得到不同精度的资源量评价结果。

1. 相似类比法

在天然气水合物的概查阶段，被评价的区域缺少实际参数测量数据，天然气水合物资源的分布通常以天然气水合物稳定带的范围、物化探勘查的异常分布的范围来计算，而基于相似成矿背景和成矿条件下可能会有相似规模矿产的产出和分布的原理，资源评价的孔隙度、饱和度及产气因子等相关参数选取主要类比具有相似成矿背景和成矿条件的地区的实际测量参数数据。

2. 间接测量法

在天然气水合物的普查阶段，利用地球物理和地球化学方法计算并选取相关评价参数。地球物理的方法主要是利用地震数据解释来确定天然气水合物分布范围、储层厚度、储层孔隙度和天然气水合物饱和度等。除了根据地震资料外，海底电磁资料(Edwards et al.，1997)、电阻率测井资料(Hyndman et al.，1999；Collett and Ladd，2000)等也被用于估计海底天然气水合物储层相关参数。地球化学方法则是利用孔隙水中的氯离子(CI^-)浓度异常或氧同位素($\delta^{18}O$)异常来估算天然气水合物在沉积物孔隙空间中的饱和度；浅层沉积物孔隙水硫酸盐梯度、氯离子浓度异常等地球化学指标也可用于指示天然气水合物存在、圈定天然气水合物范围。

3. 直接测量法

在天然气水合物的详查阶段，利用测井和保压取心井数据直接计算天然气水合物饱和度等相关关键参数。它是计算天然气水合物资源量最直接最有效的方法，但只适用于勘查程度较高的阶段，需要有足够的测井和保压取心井做基础。相比类比法及间接法，直接测量法资源评价结果在精度上有了很大的提高。

3.2.2 世界上主要国家常用的天然气水合物资源评价方法

1. 美国

美国学者 Collett(1993)研究认为，天然气水合物中的天然气量主要取决于以下 5 个条件：①天然气水合物的分布面积；②储层厚度；③孔隙度；④天然气水合物饱和度；⑤天然气水合物产气因子。Collett 采取的预测思路与容积法基本原理一致。Gornitz 和 Fung(1994)、Satoh 等(1996)也提出了类似的评价思路。

美国学者针对局部海域天然气水合物资源量的区域测算，发展了以地震勘探数据为依据的预测评价方法，然后再考虑相关参数的取值。该方法的计算结果有较高的确定性，主要是可以利用的参数具有局域特征，有较多的直接观察作依据，同时还能考虑局部区域内的地质构造背景、天然气水合物成因类型及其物理化学行为和可类比性，将点的测算外推到区域。Lee(2000)利用此方法，借助确定含天然气水合物矿层层速度及振幅变化的情况来测算沉积层孔隙充填天然气水合物的量，分析了 DSDP 533 站位附近的一小块区域。结果表明，当使用标准层速度时，天然气水合物的量是沉积物总体积的 6%；当使用振幅资料时天然气水合物占 9.5%，这一结论与从 DSDP 533 站位测量所获得的唯一的测算值(约占 8%)相当。其最终计算出美国东南部陆缘布莱克海台沉积物中天然气水合物约 $66 \times 10^6 \mathrm{m}^3/\mathrm{km}^2$(Dillon，1992)。美国地质调查局的肖勒等对白令海域内的阿留申海盆和鲍尔斯海盆海底天然气水合物含甲烷资源量进行了计算，所采用的方法即以单个层速度–振幅异常构造(VAMP)所反映的天然气水合物聚集矿体体积，统计形成盆地或其中次级海盆范围内天然气水合物的总资源量(Scholl et al.，2009)。如前所述，其测算阿留申及鲍尔斯海盆甲烷气体总量达 $32 \times 10^{12} \mathrm{m}^3$。

针对资源远景区，美国地质调查局还采用了基于天然气水合物成因的概率统计法来估算天然气水合物资源量。这类方法以天然气水合物成因为基础，主要用于未发现天然气水合物资源的评价，参数选择上主要参考区内已发现矿藏实际参数，或与具有相似成矿地质条件的其他区域进行类比而获得，带有很大程度的推断性，因而参数往往以概率分布的形式参与统计计算。通常需要分别对生物成因气和热成因气进行评估。在评价微生物成因气时，有效孔隙度和甲烷生成量则是最重要的两个指标。热成因天然气水合物往往与油气勘探中烃类的形成过程类似，所以天然气水合物的评估方法可与传统油气成藏的评价方法相类同。定量参数中的储层厚度、气藏大小，基本上与天然气水合物稳定带的体积相同，因此可根据研究区水深、海底温度和地温梯度等参数进行计算。如果研究区上述参数分布很不均匀，可将上述参数划分成若干可信度区分别计算与评价。

美国地质调查局(Collett，1997)考虑微生物成因气含量、微生物成因气源层厚度、热成因气供给、时间、有效运移概率、储集岩相、圈闭机制、有效孔隙度、烃聚集指数、天然气水合物稳定带范围、储层厚度、天然气水合物饱和度、天然气水合物含气率等指标，依据有限的实际参数对美国海洋和陆地上的天然气水合物资源分区带进行了初步评价，计算了各区带和整个美国天然气水合物中天然气资源量大致的概率分布，计算的天然气水合物资源量几乎就是天然气水合物中甲烷的总量。评价含两个部分：①对区带属性进行风险评价，以判断区带中存在天然气水合物的概率；②对天然气水合物含量的参数进行评价，以判断区带中可能的天然气水合物量的概率分布。通常，依据区带上的地震、地质、地球化学信息(水深图、沉积厚度分布图、沉积物中总有机碳含量、海底温度、地温梯度及天然气水合物稳定温压域分布图等)及类似地区的资料来进行评价，从而确定各参数的概率值。计算分 3 个步骤：①确定区带是否含天然气水合物；②区带中天然气水合物的量；③把上述两个步骤计算的结果结合起来考虑统计意义上的资源潜力。

2. 日本

自 1992 年以来，以日本地质调查局为中心对天然气水合物的资源量进行了计算。他们在理论上认为天然气水合物资源量应该是天然气水合物分解生成的气体总量、游离气体总量及层间水中所含溶解气体总量的总和。因此，天然气水合物资源量计算公式如下：

$$Q=Q_H+Q_G+Q_L \tag{3-1}$$

式中，Q 为天然气水合物气田勘探开发所期待的原始资源量，m^3；Q_H 为天然气水合物分解生成的气体资源量，m^3；Q_G 为游离气资源量，m^3；Q_L 为溶解气体资源量，m^3。

(1)天然气水合物分解生成的气体资源量。

天然气水合物分解生成气体的资源量为天然气水合物中甲烷量(V)与聚集率(R)的乘积；最终可采资源量(G_H)又是天然气水合物分解生成气体资源量与采收率(B)的乘积，即

$$Q_H=VR \tag{3-2}$$

$$V= A\Delta Z\phi HE \tag{3-3}$$

$$G_H=Q_HB \tag{3-4}$$

式中，A 为天然气水合物分布区面积，m^2；ΔZ 为天然气水合物稳定带的厚度，m；ϕ 为含天然气水合物沉积层孔隙度，%；H 为孔隙中天然气水合物饱和度；E 为产气因子，即单位体积天然气水合物释放的天然气体积。

(2)游离气资源量。

一般认为，在天然气水合物稳定带(HSZ)内不存在具有资源量的游离气，因此游离气资源量(Q_G)即是计算天然气水合物稳定带以下圈闭的游离气的量。一般通过常规气田天然气体埋藏量算法计算，其计算公式如下：

$$Q_G = A_G\Delta Z_G R_G\phi_G (P/P_0) (T_0/T) (1-W) \tag{3-5}$$

$$G_G=Q_GB_G \tag{3-6}$$

式中，G_G 为游离气终极可采资源量，m^3；A_G 为游离气分布面积，m^2；ΔZ_G 为游离气层的平均厚度，m；R_G 为游离气的聚集率；ϕ_G 为沉积物的平均孔隙度；P 为地层压力；P_0 为标准状态的压力；T 为沉积物的绝对温度；T_0 为标准状态的绝对温度；W 为沉积物的水饱和率；B_G 为游离气的回收率。

(3)溶解气资源量。

层间水中所含溶解气的量(Q_L)随温度、压力、盐度的变化而变化。因为它与天然气水合物矿层所含甲烷资源量相比要少得多，因此在计算资源量时可以忽略不计。

1996 年，Satoh 等(1996)收集了 1992 年以前世界 50 个海域与天然气水合物有关的海洋地质学数据，采用上述思路计算了世界海域天然气水合物中含甲烷的资源量，并对计算所采用的参数做了以下假定：天然气水合物的分布面积(A)采用海区 BSR 面积的平均值 $5.0 \times 10^4 km^2$ 乘以海区数 50 得出。参照海区深海钻探及其他资料，平均孔隙度(ϕ)为 40%~60%，在此采用 50% 的平均值。平均厚度 ΔZ=400m；天然气水合物充填率 H=50%；产气因子 E=155；回收率 B=0.1，R=1/200。由此计算出世界海域天然气水合物的资源量为 $1.94 \times 10^{14} m^3$，天然气水合物分解生成的气体最终可采资源量为 $1.94 \times 10^{13} m^3$。如果不出现 BSR 的天然气水合物层占出现 BSR 天然气水合物层的 50%，则原始资源量为 $2.91 \times 10^{14} m^3$。再考虑 BSR 分布面积、聚集率的不确定性，再假定有 50%的增减，最终可得天然气水合物分解气资源量为 $(1.94 \sim 3.88) \times 10^{14} m^3$。

Satoh 等(1996)还计算了天然气水合物层之下游离气层的资源量，所采用的参数如下：游离气的分布面积 A_G=$5.0 \times 10^4 km^2 \times 50$；平均层厚 ΔZ_G=20m；聚集率 R_G=1/40=0.025；平均孔隙率 ϕ_G=50%；地层压力 P/P_0=300；温度比 T_0/T=1；水饱和率 W= 40%。最终计算结果为 $8.44 \times 10^{13} m^3$，这一数值与天然气水合物中的甲烷量相比小 2 个数量级。

迄今为止，上述研究方法与工作成果仍然具有广泛代表性，但上述测算天然气水合物分解生成的气体的资源量(Q_H)具有较大不确定性，而 $Q_H+Q_G+Q_L$ 实际上应代表地层中实际存在的天然气气体的量，简单地说，它们差不多等于地层中天然气水合物中含甲烷资源量、含微生物成因气及热成因气资源量之和。

3. 苏联

苏联学者 Trofimuk 等(1973)提出了预测天然气水合物资源量的数据和假设，并利用"容积法"计算全球天然气水合物气体的资源量。Gornitz 和 Fung(1994)、Satoh 等(1996)、Collett 和 Ladd(2000)也提出了类似的评价思路，算式如下：

$$V = A\Delta Z \phi HE \tag{3-7}$$

式中，V 为天然气水合物所包含的气体资源量，m^3；A 为天然气水合物分布区的面积，m^2；ΔZ 为天然气水合物稳定带的厚度，m；ϕ 为孔隙度，%。

从研究思路来看，目前基于天然气水合物资源预测方法主要还是容积法，而容积法预测的准确性主要取决于各参数选取的准确性。

此外，从气源的角度来看，可以借鉴常规天然气的预测方法。常规天然气藏资源量计算取决于以下 3 类参数：①气源岩的分布面积、厚度和有机质含量；②单位质量有机质能够转化成天然气的数量；③天然气从离开气源岩到形成现今的天然气藏，其聚集程度即聚集系数。

常规天然气远景资源量评价必须考虑这些参数，天然气水合物也如此，但更具特殊性。针对天然气水合物资源的评价需要对上述 3 类参数进行准确取值。其中对上述第①类参数的认识主要受勘探程度的影响，勘探程度越深，认识越接近实际；而第②类和第③类参数虽然也受勘探实践的影响，但目前主要还是通过理论分析得到。目前，人们对天然气水合物聚集过程的了解程度比常规天然气要差很多，无论是国际上的研究还是国内研究都处于初步阶段，因此，针对其聚集系数的取值仍有许多不确定性。戴金星院士等(2001)估计该值不会超过 1%，其依据为我国沉积盆地中常规天然气的聚集系数一般在 0.1%～1%；根据俄罗斯梅索亚哈气田和阿拉斯加普鲁德霍湾气田的资料统计，天然气水合物的聚集率为 0.05%(王力峰等，2013)，确定的聚集系数为 0.5%。

3.3 海域天然气水合物资源评价方法

目前，海域天然气水合物资源评价方法主要有容积法、类比法及成因法等。天然气水合物以固态形式赋存于原位地层中，与常规天然气在储层中的状态有较大区别，与其他评价方法相比，容积法更适合天然气水合物资源量的计算，结合概率法可以更科学合理地评价资源量及其不确定性。总体发展趋势是越来越强调容积法、概率法、类比法和成因法等多种方法的综合应用。

3.3.1 容积法

容积法是一种较为直观的计算天然气水合物资源量的方法。计算基本地质单元原地资源量的容积法，公式如下：

$$Q_h = A_h \Delta Z \phi S_h E \tag{3-8}$$

式中，Q_h 为天然气水合物基本地质单元资源量；A_h 为天然气水合物分布区面积；S_h 为孔隙中天然气水合物的饱和度。

容积法的关键参数为含天然气水合物层的成矿区块面积、有效厚度、孔隙度、饱和度和产气因子系数。这些参数主要通过钻井、测井、岩心样品测试分析等资料获取，部分参数如成矿区块面积和厚度等，需要结合二维、三维地震资料获取。

上述关键参数应尽量以实测值为主，对于一些难以获得的参数，或者是勘查程度较低的情况，可使用类比法的原则，参考勘查程度较高的刻度区相应参数，进行类比取值。要求做到刻度区选择合理、类比依据充分、取值范围合理。

利用上诉方法计算得出来的资源量应该为原地资源量，如果是矿藏资源量应该为天然气水合物中气体总量(Q_h)与集聚率(R)的乘积：

$$Q = Q_h R \tag{3-9}$$

而天然气水合物储量(D)又是矿藏资源量(Q)与采收率(B)的乘积。即

$$D = QB \tag{3-10}$$

由于受到勘探程度及评价资料的限制，目前大多数学者在计算天然气水合物资源量的时候，并没有考虑聚集率和采收率两个参数。

因此，目前基于容积法计算所考虑的主要参数为天然气水合物分布区的面积、天然

气水合物成矿带的有效厚度、含天然气水合物沉积层有效孔隙度、孔隙中天然气水合物的饱和度及产气因子。

1. 天然气水合物分布区的面积

天然气水合物分布区的面积在不同的勘查阶段，划分标准不同。在概查阶段，通常根据概查资料，结合天然气水合物成矿的条件，圈出天然气水合物可能分布的远景区。在普查阶段，通常根据普查地震资料，将二维地震资料圈出的 BSR 作为天然气水合物分布区。在详查阶段，通过井震联合反演，圈出天然气水合物分布区域。

2. 天然气水合物成矿带的有效厚度

天然气水合物厚度确定的前提是天然气水合物的定性判别。天然气水合物有高电阻低时差特征，因此利用电阻测井和声波确定天然气水合物厚度是目前最准确的方法。但是岩性和含气是两个影响因素：在砂泥岩地层，如果含气会造成电阻较高；在壳类生物发育的碳酸盐岩地层，也会出现低时差；如果两者都存在，那么测井响应特征更加复杂。因此需要加入自然伽马、密度、中子来综合实现天然气水合物的判别，再确定天然气水合物的厚度。

3. 天然气水合物储层有效孔隙度

地层孔隙度无论对于判断储层的储集能力还是评价天然气水合物资源量都是一个重要的储集参数。常规的求取地层孔隙度的方法主要有密度测井、声波测井和中子测井，随着测井技术的发展，核磁测井也越来越多地被得到应用，可以更准确地确定地层的孔隙度。

天然气水合物储层的孔隙度测井解释模型，基本上沿用了常规油气测井解释的方法，即根据体积模型的原理，将地层划分为固体的骨架、孔隙(含孔隙充填物)两部分。而孔隙的充填物，可以是水、油气或天然气水合物。由于天然气水合物的密度与水相差不大，尽管其在原位条件下属于固态，用这类模型得到的结果也能较好地反映地层的真实孔隙度。但是不同的求取方法或多或少存在差异，这会给多井对比分析和储层砂体横向评价带来一定影响，所以在同一研究区域内，孔隙度的求取方法上必须达到统一。

1) 密度测井评价模型

由于天然气水合物的密度接近水的密度，因此利用密度曲线测井计算的孔隙度更能反映储层真实孔隙大小。但密度测井的质量受井眼扩径的影响很大，要对密度测井曲线作井眼校正。用校正后的密度曲线(ρ_b)计算孔隙度(ϕ)，其计算公式为

$$\phi = (\rho_m - \rho_b)/(\rho_m - \rho_w) \tag{3-11}$$

式中，水的密度 ρ_w 为 1.05g/cm^3，骨架密度 ρ_m 随深度的不同而变化，范围为 $2.72 \sim 2.69\text{g/cm}^3$。通常密度测井求得的孔隙度比岩心孔隙度偏高，其原因可能与黏土含量高、沉积物未固结及仪器与井壁无法良好接触有关。因此，密度测井曲线可用来评价孔隙度的总体趋势，

但不能用来定量计算。

2) 电阻率测井评价模型

用电阻率可以确定沉积孔隙度，阿奇(Archie)公式给出了电阻率和孔隙度之间的关系：

$$R_t / R_w = \alpha \phi^{-m} \tag{3-12}$$

式中，α、m 为待定常数；R_w 为地层水电阻率；R_t 为地层电阻率。

电阻率 R_w 是地层水的温度和矿化度的函数。R_w 可以通过岩心水分析矿化度资料和测量的地温用阿奇公式计算，需要注意的是在天然气水合物层位岩心水分析矿化度资料可能会受天然气水合物分解释放的淡水影响。

为了计算 α、m，采用 Serra(1984)提出的方法。为避免天然气水合物的影响，在计算 α、m 的过程中一般不用含天然气水合物层段的电阻率。从 ODP164 航次 994、995、997 三个站位的实际测井及评价效果来看，应用该方法计算的孔隙度效果较好，并与岩心分析孔隙度吻合较好。

3) 声波速度测井评价模型

根据实验室研究得知，天然气水合物具有较高的声波速度，因此，可以利用声波速度测井来评价天然气水合物储层。最早的根据声波速度测井资料估算储层孔隙度的公式是 1956 年由威利(Wyllie)等提出来的，也就是时间平均方程：

$$\frac{1}{V_b} = \frac{\phi}{V_w} + \frac{1 - \phi}{V_m} \tag{3-13}$$

式中，V_b 为声波测井速度值；V_w 为地层水的压缩波速度值；V_m 为岩石骨架的压缩波速度值。

此外，由于采用传统方法求取的含天然气水合物沉积层的孔隙度实际是将天然气水合物视为岩石骨架后的孔隙度"等效"孔隙度。那么，在"等效"孔隙度反演成果数据的基础上求取的饱和度是不精确的。于常青(2005)、闫桂京等(2006)等提出"确定性岩层孔隙度反演技术"提高求取孔隙度及饱和度的准确性。该方法以含天然气水合物沉积层的孔隙度变化介于上覆、下伏沉积层的孔隙度之间为理论依据，首先根据含天然气水合物层的地震特征，综合地震剖面、速度、波阻抗和"等效"孔隙度反演成果识别含天然气水合物沉积层，并进行层位解释，在此基础上根据上覆、下伏沉积层孔隙度变化特征分析并拟合求取孔隙度的整体变化规律，最后用此变化规律对含天然气水合物沉积层的"等效"孔隙度进行修正和补偿反演。在天然气水合物沉积层中，天然气水合物的形成不仅填充了沉积层颗粒之间的孔隙，而且作为胶结物改变了骨架之间的胶结状态。因此，张卫东等(2008)提出，在天然气水合物沉积层声波速度预测中，需对天然气水合物的胶结作用加以讨论。他们对传统的威利平均时间方程进行修正，将天然气水合物胶结作用对声波速度的影响叠加到岩石骨架上，引入"表观岩石骨架速度"的概念，建立了天然气水合物层声波速度修正模型，提高了求取孔隙度准确性。

4. 天然气水合物饱和度

天然气水合物在地层孔隙中的饱和度是评价天然气水合物资源量的关键参数之一，但天然气水合物在地层孔隙中的饱和度也是较难把握的一个参数，由于天然气水合物并不稳定，在采样过程中容易分解，难以直接测定天然气水合物饱和度的大小，可利用地球化学和地球物理等间接方法来求取。天然气水合物饱和度和常规含油、含气、含水饱和度在概念上既具有相似性，也有所差异。和常规油气饱和度相同的是，天然气水合物饱和度定义同样基于天然气水合物为孔隙充填物质，即天然气水合物体积含量占孔隙空间的比例，但其不同之处在于天然气水合物作为固体的存在，是可以作为固体组分，解释为骨架的一部分，此种情况下，当计算出了天然气水合物含量，则需要特别注意要进行数值转换，除以孔隙度，得到天然气水合物饱和度数值。

计算天然气水合物饱和度的方法有很多，不同地区勘查程度不同，计算方法也有所差异。其中，有钻探取心的地区，可以通过实测数值获取饱和度数据，也可以利用孔隙水中的氯离子浓度、盐度数据计算饱和度；而有钻井无取心的地区，可以利用测井资料计算饱和度。利用井资料计算的饱和度数据较准确，但是其只能反映井孔附近天然气水合物的饱和度，无法反映平面上天然气水合物饱和度的变化。由于含天然气水合物地层具有高声波阻抗、高纵波速度、高电阻率和低密度的异常，且与天然气水合物饱和度成正比关系，因此可以利用测井数据作为约束，开展地震反演来预测平面上天然气水合物饱和度的情况。

目前，使用随钻测井资料评价天然气水合物饱和度是较普遍而可靠的方法，而岩心测试获取的饱和度数据，尤其是保压岩心的数据非常稀少，所以对于取心井，一般使用孔隙水率离子浓度法。电阻率测井是应用最多的天然气水合物饱和度测井估算方法。除此之外，声波时差测井、核磁测井、元素测井中的俘获截面也能对天然气水合物饱和度进行评价。但总体来说，目前计算天然气水合物饱和度总体分为两大类(图 3-2)。

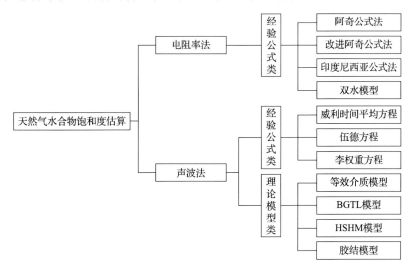

图 3-2　天然气水合物饱和度估算方法分类

第一大类是电阻率法，常用的方法有阿奇公式法、改进阿奇公式法、双水模型法及印度尼西亚公式法。第二大类是声波法，主要包括威利时间平均方程、伍德(Wood)方程、李(Lee)权重方程、等效介质模型、BGTL(Biot-Gassmann theory by Lee)模型、HSHM(Hashin-Shtrikman-Hertz-Mindlin)模型和胶结模型等，这些理论模型推导严密，每种模型都有其适用条件。如在沉积物孔隙度小于30%的情况下，用等效介质模型估算的天然气水合物饱和度偏大；而 K-T 方程法模拟的是极高频率下饱和岩石的属性，只适用于超声实验室条件；热弹性理论则适用于估算 BSR 之下的游离气饱和度，并且所需的很多参数在实验条件下很难获得，不同的地区沉积地层条件不同，参数不能简单地通用。需要指出的是，利用声波法也就是我们的岩石物理建模内容，含天然气水合物岩石物理模型是地震研究的基础。研究含天然气水合物沉积岩石物理参数与天然气水合物饱和度的关系，可以认识各种地球物理特征，建立起岩石与地震的关系，从而确定天然气水合物储层反演的思路及解释，估算天然气水合物的蕴藏量。

1)电阻率法天然气水合物饱和度计算

(1)阿奇公式法。

天然气水合物和冰是电绝缘体，与不含天然气水合物饱和水地层相比，含天然气水合物的地层具有高电阻率异常。假设该异常完全由于天然气水合物而引起，则该电阻率异常与天然气水合物饱和度成正比。利用阿奇公式估算天然气水合物饱和度要假定：①测井测量的电阻率是地层水电阻率和沉积物电阻率的函数，天然气水合物为孔隙空间的绝缘体；②沉积物是亲水的，如海洋沉积物。

阿奇公式为

$$S_{\mathrm{w}} = \left(\frac{aR_{\mathrm{w}}}{R_{\mathrm{D}}\phi_{\mathrm{E}}^{m}} \right)^{\frac{1}{n}} \tag{3-14}$$

式中，a 为与岩性有关的岩性系数；m 为胶结指数；n 为饱和度指数；S_{w} 为含水饱和度；R_{D} 为沉积物电阻率；ϕ_{E} 为地层孔隙度。

(2)改进阿奇公式法。

考虑泥质含量影响，在阿奇通用公式基础上加入泥质修正项：

$$S_{\mathrm{w}} = \left[\frac{aR_{\mathrm{w}}\left(1 - \dfrac{R_{\mathrm{D}}}{R_{\mathrm{SH}}}V_{\mathrm{SH}} \right)}{R_{\mathrm{D}}\phi_{\mathrm{E}}^{m}} \right]^{\frac{1}{n}} \tag{3-15}$$

式中，R_{SH} 为泥质电阻率；V_{SH} 为泥质含量。

(3)印度尼西亚公式法。

考虑泥质含量对电阻率的贡献，公式为

$$S_{\mathrm{w}} = \left\{ \dfrac{\dfrac{1}{\sqrt{R_{\mathrm{D}}}}}{\left[\dfrac{V_{\mathrm{SH}}\left(1 - \dfrac{V_{\mathrm{SH}}}{2}\right)}{R_{\mathrm{SH}}} + \left(\dfrac{\phi_{\mathrm{E}}^{\frac{m}{2}}}{\sqrt{aR_{\mathrm{w}}}}\right) \right]} \right\}^{\frac{2}{n}} \tag{3-16}$$

2) 声波法天然气水合物饱和度计算

常规压实固结的含油气储层岩石物理建模方法通常基于等效介质理论,即通过设置组成岩石的各矿物体积含量、各矿物弹性模量、各流体体积含量、各流体弹性模量、孔隙度及类型等参数加以确定。常用的方法有威利法、线性 Gassmann 法、Biot-Gassmann 法、Xu-White 法、Xu-Payne 法、微分等效介质(DEM)法、自治(SCA)法等,而天然气水合物属于高孔隙度的欠压实非固结海洋沉积物,利用常规岩石物理模型不符合其约定的条件,可能存在不适用问题。对于理想球体组成的"颗粒介质",则可用来描述欠压实岩石性质,从理论上更适合于天然气水合物建模。含天然气水合物岩石物理建模最特殊的地方在于把天然气水合物当成岩石组成的一部分还是当成流体组成的一部分。如果当成岩石组成的一部分,就涉及欠压实岩石物理骨架建模问题,而当成流体组成的一部分,则涉及固态流体问题导致的剪切模量不为零。

目前关于含天然气水合物模型主要有 4 类:四相威利法、四相伍德公式法、改进 Boit-Gassmann 法(BGTL)和欠压颗粒接触模型法(HSHM),根据已有的岩性含量曲线、孔隙度曲线、天然气水合物饱和度、游离气饱和度,通过模型计算,得到相关的弹性参数,如纵波速度、纵波模量、横波速度、密度,并与实测曲线对比,判断模型的准确性。

在模型建立之前,首先需要确定各组分的岩石物理参数。根据实际情况对骨架、流体各组分参数进行确定。对于天然气水合物来说,也分两种情况,一种当成骨架,一种当成流体(表 3-1)。为便于对比,各模型均采用同样的组分参数。

表 3-1　含天然气水合物各组分岩石物理参数

矿物/流体	体积模量/GPa	剪切模量/GPa	密度/(g/cm³)	纵波速度/(m/s)	横波速度/(m/s)
黏土质	20.9	6.85	2.58	3412	1629
石英	36.6	45	2.65	6038	4121
方解石	76.8	32	2.71	6640	3436
天然气水合物	5.6	2.4	0.9	3127	1633
海水	2.5	0	1.032	1556	0
游离气	0.1	0	0.235	650	0

（1）四相威利法。

常规威利法，即时间平均方程。由威利等1956年提出，适用于固结的、含少量流体的岩石。目前用于表示天然气水合物饱和度与速度关系的时间平均方程通常是皮尔森等（Pearson）1982年给出的三相介质方程，如果考虑游离气，形成四相威利公式，可得

$$\frac{1}{V} = \frac{\phi S_w}{V_w} + \frac{\phi S_h}{V_h} + \frac{\phi S_g}{V_g} + \frac{1-\phi}{V_m} \tag{3-17}$$

$$\frac{1}{V} = \frac{\phi S_w}{V_w} + \frac{\phi S_g}{V_g} + \frac{1-\phi S_w - \phi S_g}{V_{Mh}} \tag{3-18}$$

式中，V 为岩石纵波速度；V_w 为海水纵波速度；V_h 为天然气水合物纵波速度；V_g 为游离气纵波速度；V_m 为不含天然气水合物骨架纵波速度；V_{Mh} 为含天然气水合物骨架纵波速度；ϕ 为有效孔隙度；S_w 为含水饱和度；S_h 为天然气水合物饱和度；S_g 为游离气饱和度。式（3-17）为天然气水合物当流体情形，式（3-18）为天然气水合物作骨架情形。

四相威利法可以通过饱和度、孔隙度和各岩性、流体组分的固有纵波速度得到纵波速度 V，按照天然气水合物作流体、作骨架及考虑束缚水与否设置4种情况。

（2）四相伍德法。

伍德方程（Wood et al.，1994）通常适用于饱和度较大的悬浮状填充物孔隙流体介质，如考虑游离气，即把水、游离气、天然气水合物、岩石基质当作四部分进行研究，形成四相介质伍德法，可得

$$\frac{1}{\rho V^2} = \frac{\phi S_w}{\rho_w V_w^2} + \frac{\phi S_h}{\rho_h V_h^2} + \frac{\phi S_g}{\rho_g V_g^2} + \frac{1-\phi}{\rho_m V_m^2} \tag{3-19}$$

$$\frac{1}{\rho V^2} = \frac{\phi S_w}{\rho_w V_w^2} + \frac{\phi S_g}{\rho_g V_g^2} + \frac{1-\phi S_w - \phi S_g}{\rho_m V_{Mh}^2} \tag{3-20}$$

式中，ρ 为岩石密度；ρ_w 为海水密度；ρ_h 为天然气水合物密度；ρ_g 为游离气密度；ρ_m 为不含天然气水合物骨架密度；ρ_{Mh} 为含天然气水合物骨架密度。式（3-19）为天然气水合物当流体情形，式（3-20）为天然气水合物当骨架情形。

四相伍德法可以通过饱和度、孔隙度和各岩性、流体组分的固有纵波速度和密度得到纵波模量 ρV^2，和四相威利法一样，同样设置四种情况。

（3）改进 Boit-Gassmann 法（BGTL 模型）。

经典 Boit-Gassmann 理论（BGT）基于低频模型，假设横波速度与纵波速度比为常数，与孔隙度无关，即地层的横波速度与纵波速度比等于沉积物骨架的横波速度与纵波速度比，或者说地层的剪切模量不受饱和流体的影响，其公式为

$$K = K_{ma}(1-\beta) + \beta^2 M \tag{3-21}$$

$$\frac{1}{M} = \frac{\beta - \phi}{K_{ma}} + \frac{\phi}{K_{fl}} \qquad (3\text{-}22)$$

$$\mu = \mu_{ma} \qquad (3\text{-}23)$$

式中，K 为岩石体积模量；K_{ma} 为矿物骨架体积模量；β 为毕奥(Biot)数；ϕ 为孔隙度；K_{fl} 为流体体积模量；μ 为岩石剪切模量；μ_{ma} 为矿物骨架剪切模量。

但实际上，地层速度比会随着泥质和孔隙度的增加而增加。对于典型疏松岩石的天然气水合物地层，如果将天然气水合物当流体情形，流体具备一定的剪切模型，则岩石的剪切模量并不等于矿物骨架的剪切模量，从而 Biot-Gassmann 理论假设的条件不成立，需进行改进。Lee(2002)通过改进剪切模量的推导方式，对 BGT 进行改进，从而得到 BGTL 模型。

Lee(2002)提出的 BGTL 模型基于地层速度比与骨架速度比存在关系：

$$\frac{V_p}{V_s} = \frac{1}{G(1-\phi)^n} \frac{V_{pma}}{V_{sma}} \qquad (3\text{-}24)$$

式中，V_p 为岩石纵波速度；V_s 为岩石横波速度；V_{pma} 为矿物骨架纵波速度；V_{sma} 为矿物骨架横波速度；G 为调整 V_p/V_s 测量值和计算值差异的一个参数，主要校正泥质含量引起的误差。在 BGTL 模型中，认为孔隙中天然气水合物模量会影响参数 G 和岩石骨架模量。Lee(2002)提出下面含有天然气水合物饱和度的方程估算 G：

$$G = 0.9552 + 0.0448 e^{\frac{-V_{sh}}{0.06714}} - 0.18 S_{hy}^{\frac{1}{2}} \qquad (3\text{-}25)$$

式中，V_{sh} 为泥质含量；S_{hy} 为天然气水合物饱和度。式(3-25)的 n 与分压大小、岩石固结程度有关，Lee(2002)用频率 100kHz～1MHz 超声波测量速度得到的数据，推导出了指数 n 的计算公式：

$$n = \frac{10^{(0.426-0.235 \lg P)}}{l} \qquad (3\text{-}26)$$

式中，l 为岩石固结程度对速度的影响，与孔隙度随压力的变化率有关，在疏松地层可取 1～2，本次取 1.5；ΔP 为压差，计算公式为

$$\Delta P = \frac{1.386h}{145} \qquad (3\text{-}27)$$

式中，h 为自海底起算的深度。

在上述参数确定之后，即可得到 BGTL 模型计算公式：

$$K = K_{ma}(1-\beta) + \beta^2 M \qquad (3\text{-}28)$$

$$\frac{1}{M} = \frac{\beta - \phi}{K_{ma}} + \frac{\phi}{K_{fl}} \qquad (3\text{-}29)$$

$$\mu = \frac{\mu_{ma} G^2 (1-\phi)^{2n} K}{K_{ma} + \frac{4}{3}\mu_{ma}\left[1 - G^2(1-\phi)^{2n}\right]} \tag{3-30}$$

对于软地层或未固结沉积物，毕奥数可以根据李权重方程和有效介质理论计算结果，通过最小二乘法拟合得

$$\beta = \frac{-68.7421}{1 + e^{\left(\frac{\phi + 0.40635}{0.09425}\right)}} + 0.98469 \tag{3-31}$$

最后根据弹性参数计算公式和等效公式，计算得到纵波速度、横波速度和密度：

$$\rho = \phi \rho_{fl} + (1-\phi)\rho_{ma} \tag{3-32}$$

$$V_p = \sqrt{\frac{K + \frac{4}{3}\mu}{\rho}} \tag{3-33}$$

$$V_s = \sqrt{\frac{\mu}{\rho}} \tag{3-34}$$

由于地层速度比并不是常数，从而孔隙空间影响剪切模量的变化，故相比于 BGL，BGTL 主要在剪切模量的求取上有所变化。BGTL 理论不仅对孔隙度小于 40% 的固结沉积物中天然气水合物饱和度的估算效果较好，对于孔隙度大于 40% 的未固结地层也有较好的效果。

将束缚水考虑进去，根据天然气水合物作骨架和流体两种情形考虑（影响矿物和流体弹性参数），据此理论得到 BGTL 法建模流程（图 3-3）。根据流程主要分为三步，第一步计算压差 ΔP、参数 n、G 及毕奥数，第二步计算矿物骨架参数和流体参数（体积模量、

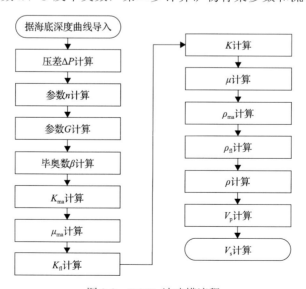

图 3-3　BGTL 法建模流程

剪切模量、密度),第三步计算岩石的纵波速度、横波速度和密度。按照这一流程,最终可得到相关结果。

(4)欠压颗粒接触模型法(HSHM)。

欠压实颗粒接触模型假设组成岩石骨架为理想等球体,考虑球体之间的接触排列,适用于描述欠压实地层,这与等效介质理论将骨架间的孔隙描述为球体或椭球体有所区别(图 3-4)。

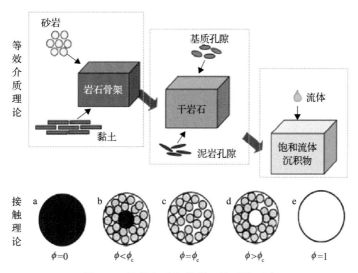

图 3-4　等效介质与接触理论对比示意

Hertz-Mindlin 模型(HM 模型)依据两个球体颗粒间的垂向、切向接触强度出发,导出球体体积和剪切模量在临界孔隙度下与矿物泊松比、矿物剪切模量、孔隙度、配位数、围压的关系。进而结合 Hashin-Shtrikman 理论(HS 理论),得到干燥岩石模量,最后通过 Gassmann 方程加入流体,建立饱和流体岩石模型(HSHM)。这里需要说明的一个参数是配位数。配位数即每个球体平均接触点数。根据 Murphy(1982)的总结,图 3-5 显示了配位数 C 与孔隙度的关系。一个等同球体的任意紧密排列为 9。

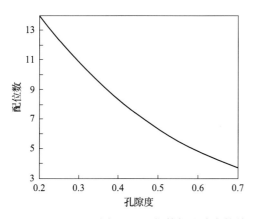

孔隙度	配位数
0.20	14.007
0.25	12.336
0.30	10.843
0.35	9.5078
0.40	8.3147
0.45	7.2517
0.50	6.3108
0.55	5.4878
0.60	4.7826
0.65	4.1998
0.70	3.7440

图 3-5　配位数与孔隙度的关系

在接触等球体模型处于临界孔隙度时，矿物骨架模量满足

$$K_{hm} = \left[\frac{C^2(1-\phi_c)^2\mu_m^2}{18\pi^2(1-\nu_{ma})^2} \frac{P_e}{1000} \right]^{\frac{1}{3}} \tag{3-35}$$

$$\mu_{hm} = \frac{5-4\nu}{5(2-\nu)} \left[\frac{3C^2(1-\phi_c)^2\mu_m^2}{2\pi^2(1-\nu_{ma})^2} \frac{P_e}{1000} \right]^{\frac{1}{3}} \tag{3-36}$$

式中，K_{hm} 为临界孔隙度下的矿物骨架体积模量；μ_{hm} 为临界孔隙度下的矿物骨架剪切模量；C 为配位数，取 8.5；ϕ_c 为临界孔隙度，取 0.4；ν_{ma} 为矿物骨架泊松比，依据下式算得

$$\nu_{ma} = \frac{3K_{ma} - 2\mu_{ma}}{2(3K_{ma} + \mu_{ma})} \tag{3-37}$$

式 (3-36) 中，P_e 为地层有效压力，MPa，按下式计算：

$$P_e = \frac{(1-\phi)(\rho_m - \rho_f)gD}{1000} \tag{3-38}$$

式中，g 为重力加速度；D 为深度。

分析表明，天然气水合物段有效孔隙度基本小于临界孔隙度，根据 HS 理论，有

$$K_{dry} = \left(\frac{\dfrac{\phi}{\phi_c}}{K_{hm} + \dfrac{4}{3}G_{hm}} + \frac{1 - \dfrac{\phi}{\phi_c}}{K_m + \dfrac{4}{3}G_{hm}} \right)^{-1} - \frac{4}{3}G_{hm} \tag{3-39}$$

$$G_{dry} = \left(\frac{\dfrac{\phi}{\phi_c}}{G_{hm} + Z} + \frac{1 - \dfrac{\phi}{\phi_c}}{G_{hm} + Z} \right)^{-1} - Z \tag{3-40}$$

$$Z = \frac{G_{hm}}{6} \left(\frac{9K_{hm} + 8G_{hm}}{K_{hm} + 2G_{hm}} \right) \tag{3-41}$$

式 (3-39) 和式 (3-40) 中，K 为体积模量，G 为剪切模量，下标 dry 表示干岩石。

根据 Gassmann 方程，考虑天然气水合物做骨架的情形有

$$K_{dry} = \left(\frac{\dfrac{\phi}{\phi_c}}{K_{hm} + \dfrac{4}{3}G_{hm}} + \frac{1 - \dfrac{\phi}{\phi_c}}{K_m + \dfrac{4}{3}G_{hm}} \right)^{-1} - \frac{4}{3}G_{hm} \tag{3-42}$$

$$\mu = \mu_{dry} \tag{3-43}$$

将束缚水考虑进去，根据天然气水合物当骨架情形考虑，据此理论设计得到岩石物理建模流程(图 3-6)。

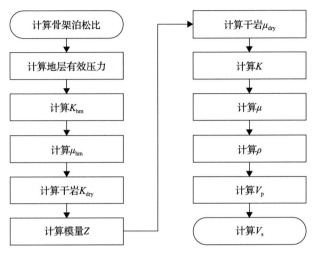

图 3-6　HSHM 法建模流程

根据流程主要分为 4 步，第 1 步计算骨架泊松比、有效压力等系数，第 2 步计算临界孔隙度状态时的骨架弹性参数，第 3 步计算干岩石弹性参数，第 4 步为计算岩石的纵波速度、横波速度和密度。

在常规含油气饱和度计算中一般都采用阿奇公式或双水模型，主要是利用电阻率计算。天然气水合物的饱和度评价也可使用这一方法，但应用时需注意：天然气水合物与常规油气不同，其在原位地层以固态形式存在；含天然气水合物层属未成岩地层，地层岩电参数与常规地层不同；地层中若含游离天然气也会引起电阻率增高，需仔细判别二者差异。

通过测井数据评价天然气水合物饱和度较直接的方法是使用核磁测井结合密度测井。天然气水合物中的氢原子弛豫时间很短，目前使用的核磁共振测井工具不能直接探测到天然气水合物，而是将天然气水合物视为骨架的一部分，因此核磁测井所得出的含天然气水合物层段孔隙度只是反映了被水(包括自由水、毛细管水和黏土束缚水)所占据的孔隙空间，其值要比真实孔隙度小很多。而密度测井获取的是天然气水合物及流体的综合信息，密度孔隙度和核磁孔隙度之差就是天然气水合物含量。

目前，逐渐发展成熟的多曲线综合解释模型，也适用于天然气水合物饱和度的评价。在岩石物理模型基础上，对各个测井曲线建立响应方程，通过最优化技术联合求解地层模型，即地层岩石主要矿物及流体的体积，在此基础上可进一步计算得到孔隙、渗透率、饱和度等储层物性参数。

3)孔隙水氯离子浓度法

天然气水合物沉积层的岩心取出后，由于温压条件发生变化，天然气水合物分解产生大量的淡水，因此其孔隙水盐度比不含天然气水合物层段要低。盐度的降低与天然气水合物饱和度成正比，这可以被利用来定量计算天然气水合物饱和度。

$$S_h=1/\rho_h(1-C_{Cl^-,pw}/C_{Cl^-,sw})$$

式中，$C_{Cl^-,pw}$ 为孔隙水中实测的氯离子浓度；$C_{Cl^-,sw}$ 为孔隙水中氯离子浓度背景值。

孔隙水中氯离子浓度背景值可以通过拟合稳定带顶、底的氯离子浓度趋势求得。由于天然气水合物稳定带的孔隙水是一个开放的系统，易收到对流、扩散等作用的影响，而且冰期—间冰期的海水盐度波动也对其有所干扰，因此使用海水氯离子浓度拟合的"背景浓度"并不能严格代表实际情况。因此，在实际应用中，更多的是直接采用原位海水氯离子浓度值或拟合趋势值来估计原地孔隙水的氯离子浓度。

5. 产气因子

1) 理论推算的产气因子

天然气水合物有三种结构(Kvenvolden，1995)：Ⅰ型、Ⅱ型(菱形晶体结构)和 H 型(六方晶体结构)。自然界中天然气水合物以Ⅰ型结构为主，甲烷占了烃类气体总量的 99%及以上。墨西哥湾、加拿大西北地区麦肯齐三角洲和祁连山冻土带赋存的天然气水合物以Ⅱ型结构为主，其气体组分中存在大量的乙烷和丙烷。而 H 型结构的天然气水合物仅仅在墨西哥湾被发现。Ⅰ型结构天然气水合物仅能容纳甲烷(CH_4)和乙烷(C_2H_6)这两种小分子的烃类气体及 N_2、CO_2、H_2S 等非烃分子，其分子直径不能超过 0.52nm。每个单元的Ⅰ型结构天然气水合物由 46 个水分子构成 2 个小的十二面体"笼子"及 6 个大的四面体"笼子"以容纳气体分子。因此，在理想状态下，每个Ⅰ型结构天然气水合物单元包含 46 个水分子及 8 个气体分子，水/气分子数比(n，天然气水合物指数)为 46/8，即 $n=5.75$。对于Ⅱ型结构，理想状态下 $n=5.67$。依此推算，在压力条件为 28MPa 的情况下，单位体积的Ⅰ型天然气水合物可以包含 173 体积的气体(换算到标准温压条件)，即产气因子为 173(Lorenson and Scientific，2000)。

实际上，在自然界的天然气水合物中不可能所有"笼子"均充填有气体分子，因此，天然气水合物指数通常要大于 5.75。另一方面，如果气体充填率低于 70%，天然气水合物分子结构又难以稳定(Holder and Hand，1982)。对于气体分子充填率在 70%以上的Ⅰ型天然气水合物，其气/水值(体积比)和产气因子等参数的理论推算见表 3-2。从表中可以看出，对于一个较为合理的天然气水合物指数区间(6.0～6.8)，其产气因子的变化范围并不大(165～146)。

表 3-2　天然气水合物(Ⅰ型)气/水值及产气因子等参数(据 Lorenson and Scientific，2000)

天然气水合物指数 n	气体充填率/%	气/水值	产气因子	天然气水合物密度/(kg/m³)	产气因子	天然气水合物密度/(kg/m³)
			压力：28MPa(布莱克海台)		压力：1MPa	
5.75	100.0	216.4	173.0	924.0	168.5	900.0
5.9	97.5	210.9	168.6	920.9	164.2	896.9
6.0	95.8	207.4	165.8	919.0	161.5	895.0
6.1	94.3	204.0	163.1	917.1	158.9	893.1

续表

天然气水合物指数 n	气体充填率 /%	气/水值	产气因子	天然气水合物密度 /(kg/m³)	产气因子	天然气水合物密度 /(kg/m³)
				压力：28MPa(布莱克海台)		压力：1MPa
6.2	92.7	200.7	160.5	915.3	156.3	891.3
6.3	91.3	197.5	157.9	913.5	153.8	889.5
6.37	90.3	195.4	156.2	912.3	152.1	888.3
6.4	89.8	194.4	155.5	911.8	151.4	887.8
6.5	88.5	191.5	153.1	910.2	149.1	886.2
6.6	87.1	188.6	150.8	908.5	146.8	884.5
6.7	85.8	185.7	148.5	907.0	144.6	883.0
6.8	84.6	183.0	146.4	905.5	142.5	881.5
8.2	70.1	151.8	121.5	888.1	118.2	864.1

2) 实际测算的产气因子

通过实验测试手段确定产气因子，目前来看仍比较困难，因为获取保持原位状态的天然气水合物样品在工程技术上非常有挑战性，而即使获取了这样的实物样品，准确测定其中天然气水合物的数量也很困难。常用的测量方法是通过计量保压样品释放的天然气气体体积推算原位天然气水合物体积(Collett et al.，2008)，但计算过程中已经使用了假设的产气因子参数，因此应用目前的测试技术难以从保压样品的释气试验中准确获取产气因子。

替代的方法是测量天然气水合物样品的分子结构，确定天然气水合物指数，进而推算产气因子。许多学者对天然气水合物指数进行了测定。Handa(1988)对中美洲海槽天然气水合物样品的分析结果表明，其天然气水合物指数为 5.91，墨西哥湾北部的格林大峡谷天然气水合物指数为 8.2。Ripmeester 和 Ratcliffe(1988)测定了人工合成天然气水合物样品的天然气水合物指数，其范围为 5.8～6.3。Matsumoto(2000)测定的布莱克海台天然气水合物的天然气水合物指数为 6.2，从天然气水合物指数与产气因子的对应关系(表 3-3)可以看出，其产气因子对应为 160.5。

表 3-3　世界各地天然气水合物气/水值(据 Lorenson and Scientific，2000)

位置	钻孔	海底以下深度/m	气/水值	气/水值(Cl⁻校正后)(体积比)	C_{Cl^-}/(mmol/L)
	994	260.0	154	173	57
布莱克海台	996	2.1	43	58	169
		2.1	18	29	248
		2.3	45	78	294
		2.3	58	90	245
		2.4	24	48	352
		32.1	59	107	317
		58.6	142	145	21
	997	331.0	139	204	167

续表

位置	钻孔	海底以下深度/m	气/水值	气/水值(Cl⁻校正后)(体积比)	C_{Cl^-}/(mmol/L)
中美洲海槽	565	319	133	137	15
哥斯达黎加滨外	568	404	30	36	92
		404	7	8	89
	570	192	4?		
		192	29	30	19
		192	29	30	19
		259~268	24~42		
		273	12		
墨西哥湾*		<5	152		
		1~1.5	70	94	138
			70	102	169
			70		
			177		
			68		
			35		
			66		
秘鲁海沟	685A	165.6	100	111	51.4
	688A	141	13	16	90.6
		141	20	35	232.3
卡斯卡迪大陆边缘	892D	18	70	81**	
		18	53	62**	

注：*表示可能为Ⅱ型结构天然气水合物，**表示根据孔隙水氧同位素进行校正。

从实际测定的布莱克海台的天然气水合物样品所产生的气体与水的体积比来看，其变化范围为18~154，平均为76。由于在测定天然气水合物气/水值过程中存在孔隙水的影响，会造成计算结果偏低，Lorenson 和 Scientific(2000)采用水中的 Cl⁻ 含量对气/水值进行了校正，因为天然气水合物中不会存在 Cl⁻，其分解后的水中含 Cl⁻ 都应该是孔隙水混染所致，对比天然气水合物分解后的水与孔隙水中 Cl⁻ 的含量就可以进行校正。计算结果表明：孔隙水的混染程度为 2%~50%，布莱克海台校正后的天然气水合物气/水值为 29~204，平均为 104。

天然气水合物的气体/水值并没有明显的地质模式。沉积物较浅部位的天然气水合物气/水值相对较低，大多小于 100，对应的产气因子相当低。但据 Holder 和 Manganiello (1982)的研究，如果天然气水合物"笼子"中气体的填充率小于 70%(对应气/水值为 151.8)，将导致天然气水合物的不稳定，因而天然气水合物那些很低的气/水值可能更多的是由于取样及分析时的人为因素，其代表的只是天然气水合物最低的气/水值。

布莱克海台 996 钻孔与盐底辟有关的天然气水合物出露较浅,其气/水值相对较小,如果只考虑 994 及 997 钻孔的天然气水合物样品,其平均气体/水值为 188.5,对应的天然气水合物指数为 6.6,与 Matsumoto 等(2000)测定的天然气水合物指数较为接近,相应的产气因子为 150.8。从布莱克海台的天然气水合物研究实例来看,利用天然气水合物指数推算产气因子可以得到比较合理的结果。

3) 南海北部天然气水合物的产气因子

2013 年,广州海洋地质调查局在南海北部东沙海域成功实施了第二次天然气水合物钻探调查工作(GMGS2),取得了结核状、脉状等多种赋存形式的天然气水合物样品,其中包括较为完整的块状天然气水合物样品(图 3-7)。应用拉曼(Raman)光谱分析及 X 射线衍射分析技术对取得的天然气水合物样品进行了测试分析,以得到其分子结构类型等信息。

图 3-7　GMGS2-W08F-5A 层段(73.5～75.5mbsf)岩心中的块状天然气水合物

mbsf 为海底以下深度

X 射线衍射分析仪器采用帕纳科(PANalytical)X'Pert-PRO 粉末衍射仪,该仪器最大功率为 3kW,带有 Anton Paar TTK450-LNC 温度控制系统的冷冻样品台,采用液氮制冷,可以控制样品台温度到–130℃以下。分析时,将 100mg 的粉末样品迅速压平在冷冻样品台上,冷冻温度设置为–120℃,衍射仪分析条件为 CuKα(1.5406Å),工作电压 40kV,电流 40mA,扫描速度为 10°(2θ)/min,采数步宽为 0.02°(2θ),2θ 扫描角度范围为 15°～60°。

HY12-GMGS2-08F-5A-1a6 块状天然气水合物样品的 X 射线衍射谱图中存在(210)、(211)、(320)、(321)、(400)、(410)、(411)、(421)、(430)、(520)、(433)、(620)等衍射峰,其分布模式与Ⅰ型天然气水合物标准的特征峰分布模式相当吻合(图 3-8),同时,并未出现Ⅱ型天然气水合物特征衍射峰。基于 X 射线衍射的结果,该层段块状天然气水合物样品为典型的结构Ⅰ型天然气水合物的。

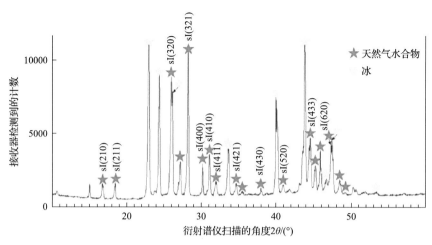

图 3-8　GMGS2-W08 站位 74mbsf 层段块状天然气水合物 X 射线衍射图谱

基于测定天然气水合物晶腔中气体分子的伸缩振动拉曼位移的激光拉曼光谱法是测定天然气水合物晶体结构常规手段。拉曼强度与分子的数量成正比，因此，不但可以利用拉曼光谱来进行天然气水合物结构的判定，还可以通过拉曼强度来计算气体分子在各种不同笼形结构中的占有率。拉曼位移 2905cm^{-1} 和 2915cm^{-1} 附近分别是处于大($5^{12}6^2$)、小笼(5^{12})中甲烷分子的伸缩振动拉曼峰；纯甲烷气体的拉曼谱峰本应在 2917cm^{-1} 附近。由于天然气水合物中甲烷分子填充在水分子通过氢键构建起来的笼子中，甲烷分子与大笼($5^{12}6^2$)、小笼(5^{12})之间的相互作用不同，所处的化学环境存在差异，从而造成了两类甲烷分子拉曼位移的微小变化，进而使甲烷的拉曼谱峰分裂成为双峰，理想状态下Ⅰ型天然气水合物大($5^{12}6^2$，拉曼位移 2905cm^{-1})、小笼(5^{12}，拉曼位移 2915cm^{-1})拉曼峰强度(峰面积)的比值基本上应为 3∶1，这与Ⅰ型结构天然气水合物晶胞中大、小笼的个数比是一致的(Ⅰ型结构一个晶胞中包括 6 个大笼($5^{12}6^2$)和 2 个小笼(5^{12}))。基于各类型结构的天然气水合物拉曼光谱谱图的模式存在巨大差异，激光拉曼光谱可以运用于判断天然气水合物的结构类型。

HY12-GMGS2-08F-5A-1a6 块状天然气水合物样品的大笼($5^{12}6^2$)与小笼(5^{12})比值 I_S/I_L (I_S 为小笼的拉曼强度；I_L 为大笼的拉曼强度)为 3.84，为典型的结构Ⅰ型天然气水合物(图 3-9、图 3-10)。经计算得到其小笼占有率 θ_S 为 77.43%，大笼占有率 θ_L 为 98.08%，θ_S/θ_L 为 0.79，水合指数为 6.19。

天然气水合物的 X-射线衍射和拉曼光谱分析结果都表明，GMGS2 所取获的块状天然气水合物属于典型的结构Ⅰ型天然气水合物。同时，前人研究结果表明，甲烷和乙烷混合气体形成Ⅱ型天然气水合物的条件之一是乙烷含量达到 0.5%；GMGS2 所有天然气水合物分解生成的气体样品甲烷/乙烷值都高于 1000，也即是说，GMGS2 东沙天然气水合物钻探区主要发育结构Ⅰ型天然气水合物，存在结构Ⅱ型天然气水合物的可能性很低。

从上面的分析结果可以看到，南海北部东沙海域的天然气水合物结构特征与布莱克海台相差不大，佐证了理论计算的自然界中天然气水合物最可能的产气因子范围在 121.5(满足 70%气体填充率)～160.5(天然气水合物指数 6.2)。因此在计算资源量时产气因子常取 150。

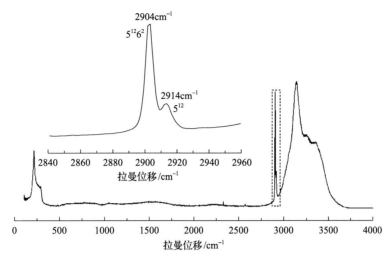

图 3-9　GMGS2-W08 站位 74mbsf 层段块状天然气水合物 HY12-1 激光拉曼光谱分析

5^{12} 表示五角十二面体结构；$5^{12}6^2$ 表示由 12 个五边形和 2 个六边形组成的十四面体结构

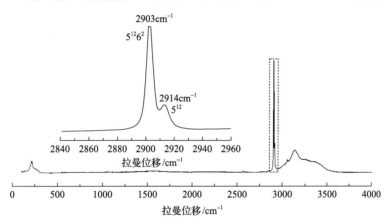

图 3-10　GMGS2-W08 站位 74mbsf 层段块状天然气水合物 HY12-2 激光拉曼光谱分析

3.3.2　类比法

类比法是根据评价区与刻度区(一般具有一定钻井控制的钻探区)天然气水合物成藏条件的相似性，由已知(刻度)区的天然气水合物资源丰度计算未知(评价)区资源丰度和资源量的资源评价方法。根据具体操作方法的不同，类比法分为面积丰度法、体积丰度法等。面积丰度法是以单位面积的资源丰度作为主要的类比资源参数进行类比；体积丰度法是以单位沉积岩体积的资源丰度作为主要的类比资源参数进行类比。

刻度区和评价区的天然气水合物成藏条件包括天然气水合物稳定带条件、气源条件、流体运移条件、储层条件、圈闭条件等方面。对两者的成藏条件一一对比分析，得到相似系数后利用已知刻度区的资源量概率分布计算评价区的天然气水合物资源量。公式如下：

$$Q_h = A_h a F_{h0} \tag{3-44}$$

式中，Q_h 为评价区天然气水合物中气体总量；A_h 为评价区面积，km^2；a 为相似系数；F_{h0} 为刻度区天然气水合物资源丰度。

式（3-44）计算结果为确定值，若使用刻度区天然气水合物资源量的概率分布，则可估计评价区的天然气水合物资源量概率分布。

类比评价参数体系与参数取值标准是类比法的基础。类比评价的主要内容是成藏地质条件的评价。一个天然气水合物评价单元成藏地质条件主要取决于气源、运移、稳定带、储层等成藏地质条件。而相似系数的选取除了成藏地质条件外，还要考虑该区域天然气水合物存在的地球物理特征与地球化学特征，其中地球物理特征主要包含BSR、速度异常及属性异常等，地球化学特征包含气态烃异常、孔隙水异常及自生矿物异常等。

3.3.3 蒙特卡罗法（概率统计法）

1. 基本原理

蒙特卡罗法（Monte-Carlo）是一种常用算法，目前这种算法在各种工程技术中已得到广泛的应用，其基本原理是利用各种不同随机变量的抽样模拟给定问题的概率统计模型。简要地说，蒙特卡罗法是应用随机数技术进行模拟计算方法的统称，它不是油气或天然气水合物资源定量评价的特有方法。蒙特卡罗法应用于油气资源评价开始于 20 世纪 70 年代，它是 1975 年第二次全美油气资源评价的主要算法。目前世界上各主要产油国及西方各大石油公司都把这一算法作为石油资源量评价的重要方法，广泛应用于含油气地区勘探早、中期勘探阶段。

在油气勘探早期准确地估算探区的资源量十分重要，但是由于我们对研究区的含油气地质条件在认识上的不完全，使未来的勘探成效具有很大的不确定性（勘探风险），因而需要用概率统计理论去处理分析勘探过程当中已掌握的地质资料与油气资源量之间的因果关系，让主观臆想成分尽可能减少，使勘探工作立足于最现实的可能性上，从而提高勘探的成效。对天然气水合物勘探而言，由于勘探程度低及评价资料的不确定性，蒙特卡罗法是现阶段进行天然气水合物评价的中表征不确定性的有效方法之一。

对任何一个天然气水合物勘探区而言，对天然气水合物资源量的估算有各种不同的方法，但是任何含天然气水合物区中一个局部含天然气水合物单元的资源量的数学计算模型都可以归结为 n 个地质参数或经验系数的连乘。即

$$Q_j = \prod_{i=1}^{n} X_{ji}, \ j = 1, 2, \cdots, m; \ i = 1, 2, \cdots, n \qquad (3\text{-}45)$$

式中，Q_j 为含天然气水合物区中第 j 个局部地质单元的天然气水合物资源量；X_{ji} 为第 j 个局部地质单元中第 i 个地质参数或经验系数。

对一个含天然气水合物区总的资源量的计算公式可表达为 m 个局部地质单元天然气水合物资源量的累加，即

$$Q = \sum_{j=1}^{m} Q_j = \sum_{j=1}^{m} \prod_{i=1}^{n} X_{ji}, \quad j = 1, 2, \cdots, m; \ i = 1, 2, \cdots, n \qquad (3\text{-}46)$$

式(3-45)和式(3-46)中的 X_{ji} 可以是具有统计性质的随机变量,也可以是常数或经验系数。如果是随机变量则要在天然气水合物资源量计算之前进行预处理。

2. 计算过程

1)构建随机变量的函数

计算天然气水合物资源量之前,首先要构造出计算公式中的每个随机变量中的分布函数,一个参数的概率分布函数,直至各个参数都有自己的概率分布函数。由于早期勘探阶段地质资料的数据较少,所以在构造随机变量的分布函数时要根据数量的容量采用不同的方式处理。

(1)用频率统计法构建经验分布函数。

原始数据量较大(大子样)时,可用频率统计法构造随机变量的分布函数,因为这样构造出来的分布函数来自实际资料,可靠性高,不受理论上一些分布函数概型的约束。用频率统计法构造出来的分布函数称经验分布函数,具体做法如下。

假设某参数的观察值为 $X_1, X_2, \cdots, X_n$,据此制作该参数的累积频率分布图,落在横坐标区间 $[X_i^*, X_{i+1}^*]$ 上的观察值有 n_i 个($i = 1, 2, \cdots, m$),则该区间的纵坐标值为 n_i/n(其中 $n = \sum\limits_{i=1}^{m} n_i$),显然这是非累积频率分布图;如果将纵坐标值改为 $\sum\limits_{k=1}^{m}(n_k/n)$,则得到累积频率分布图,为一条锯齿状的累积概率分布曲线(图 3-11)。

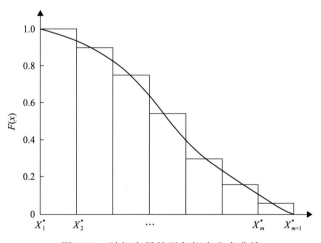

图 3-11　随机变量的累积概率分布曲线

(2)按已知的分布概率模型(或假设的分布概率模型)构造分布函数。

在勘探程度较低的地区,原始数据数量较少,但知道随机变量的分布概型时,可用标准概型公式构造随机变量的分布函数;在不知道其分布概型时,可利用假设的概型公式构造随机变量的分布函数。许多地质参数的统计结果表明,它们多数情况下是正态分布函数，因此，可对这些原始数据构造正态分布函数。在这里采用如下的对数分布：

$$p(x) = \frac{1}{\sigma x \sqrt{2\pi}} \exp\left|\frac{-(\ln x - \mu)^2}{2\sigma^2}\right| \tag{3-47}$$

式中，

$$\mu = \frac{1}{n} \sum_{i=1}^{n} \ln x_i \tag{3-48}$$

$$\sigma^2 = \frac{1}{n-1} \sum_{i=1}^{n} |\ln x_i - \mu| \tag{3-49}$$

若已知某参数的概率密度函数 $p(x)$，在计算时可利用积分形式将概率密度值化为概率分布函数 $F(x)$ 值，即

$$F(x) = \int p(x) \mathrm{d}x \tag{3-50}$$

2) 随机数（γ_k）的生成

生成合乎要求的随机数是蒙特卡罗法的技术关键，其要求是：①随机数序列具有均匀总体简单子样的一些概率统计性质，如分布的均匀性、抽样的随机性、试验的独立性、前后的一致性等；②产生的随机数序列要有足够长的周期，以满足模拟问题的需要；③产生随机数的速度要快，占用计算机的内存要少。用蒙特卡罗法模拟实际问题时，均匀分布随机数是最简单的而且是基本的一种。目前认为比较理想的方法是采用混合同余法生成[0，1]区间上的均匀分布的伪随机数，递推公式如下：

$$\gamma_k = X_k / M \tag{3-51}$$

$$X_{k+1} = \alpha X_k + \beta \,(\mathrm{mod}\, M), \quad k = 1, 2, \cdots \tag{3-52}$$

式中，X_k 为第 k 个伪随机数；X_{k+1} 为第 $k+1$ 个伪随机数；α 为乘子系数；β 为增量；$\mathrm{mod}\, M$ 为按模式 M 的取余运算；γ_k 为[0，1]区间上的第 k 个伪随机数。

3) 求对应于伪随机数（γ_k）的参数 x_k

根据伪随机数计算公式求解 γ_k，在参数的概率分布函数图上求出对应的参数值 x_k。由于 $F(x)$ 曲线是以离散点的形式存放在计算机中，所以 γ_k 落在纵坐标轴上某两个离散点之间，所求取的 x_k 落在横坐标轴上对应的两个点之间，可用线性插值求出 x_k。一个参数确定了，再确定第二个参数，直至所有参数都确定为止。

3. 求含天然气水合物地质单元的资源量

假设在某个局部含天然气水合物地质单元中，天然气水合物资源量计算公式中有 n 个地质参数，在 n 个参数中有 t 个随机变量，余下的 $n-1$ 个是常数或经验系数，则该地

质单元中的天然气水合物资源量为

$$Q = \prod_{i=1}^{n} X_i = \prod_{i=1}^{t} X_i \cdot \prod_{i=t+1}^{n} X_i = K \cdot \prod_{i=1}^{t} X_i, \quad i = 1, 2, \cdots, t \qquad (3\text{-}53)$$

式中，K 为 n–t 个常数或经验系数的连乘积，是一个参数。

根据所求出的各参数值代入资源量计算公式，可得到对应于伪随机数 γ_k 的资源量 Q_k。生成的伪随机数个数，也就是抽样的次数。抽样的次数在理论上越大越好，但没有必要无限大，由 γ_k 和 $Q_k(k=1, 2, \cdots)$ 组成的资源量概率分布函数的曲线达到稳定为止。一般地说，当统计区间数为 100 时，抽样次数可选为 500～5000 次。将每次抽样的 γ_k 和 Q_k 画在图上，最终得到局部含天然气水合物地质单元的资源量的概率分布函数(图 3-12)，计算流程见图 3-13。

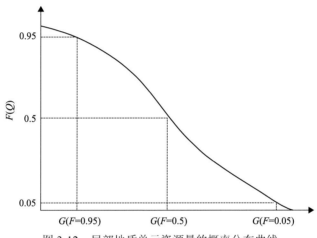

图 3-12　局部地质单元资源量的概率分布曲线

G 为对应概率的总资源量

4. 计算某个研究区天然气水合物的总资源量

某个研究区一般指较大范围的天然气水合物勘探区，其资源量由若干个局部含天然气水合物地质单元的资源量构成，所以其天然气水合物资源量可能需要多级累加才能求出。为了简化起见，以下仅以局部含天然气水合物地质单元资源量一次求和作为研究区的天然气水合物资源总量。

研究区的天然气水合物资源总量(Q)的计算可表达为 m 个局部含天然气水合物地质单元的资源量的累加，即

$$Q = \sum_{j=1}^{m} Q_j = \sum_{i=1}^{m} \prod_{i=1}^{n} X_{ji}, \quad j = 1, 2, \cdots, m; \ i = 1, 2, \cdots, n \qquad (3\text{-}54)$$

式中，Q 为研究区天然气水合物的总资源量；Q_j 为研究区中第 j 个局部含天然气水合物地质单元的天然气水合物资源量；X_{ji} 为第 j 个局部含天然气水合物地质单元的第 i 个地质参数。可简化为如下简单图式(图 3-14)。

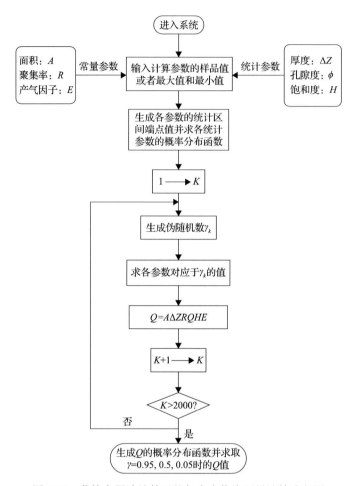

图 3-13   蒙特卡罗法计算天然气水合物资源量计算流程图

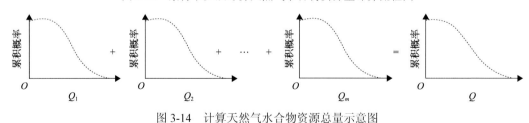

图 3-14   计算天然气水合物资源总量示意图

计算研究区天然气水合物资源量的关键是如何实现局部含天然气水合物单元的天然气水合物资源量分布函数之间的加法运算。在进行计算之前，首先要求出研究区资源总量 Q 出现的最大可能范围 Q_L，算式如下：

$$Q_{\max} = \sum_{j=1}^{m} Q_{j\max}, \quad j = 1, 2, \cdots, m \tag{3-55}$$

$$Q_{\min} = \sum_{j=1}^{m} Q_{j\min}, \quad j = 1, 2, \cdots, m \tag{3-56}$$

$$Q_L = Q_{max} - Q_{min} \tag{3-57}$$

随后再把 Q_L 分为若干区间,以[0,1]区间均匀分布随机数作为每个局部含天然气水合物地质单元资源量 Q_j 的分布函数 $F(q_j)$ 的概率入口值,用插值法求出天然气水合物资源量 Q_j 的出口值。如果研究区中有 m 个含天然气水合物地质单元,则累加 m 个出口值,得到研究区天然气水合物资源总量的一个随机期望值。如此反复 g 次,得到 g 个随机期望值。最后用频率统计法就可求出研究区天然气水合物总资源量 Q 的概率分布函数 $F(q_j)$。

5. 蒙特卡罗法的优点

(1)蒙特卡罗法给出的天然气水合物资源量估算值带有成功的把握性,即可给出不同概率水平下的天然气水合物资源量。

(2)蒙特卡罗法适用于任何形式的天然气水合物资源量计算。

(3)蒙特卡罗法可以压制原始数据中个别奇异值(离群数据)的干扰作用,因为奇异值出现的概率很小,在大量抽样模拟计算中干扰作用明显降低。

(4)与其他概率统计方法相比,蒙特卡罗法给出的天然气水合物资源量估算值区间较窄,因此更适合于资源量评价。

3.3.4　成因法(盆地模拟法)

以盆地动力学演化为框架,以海底生物成因甲烷的产出、含甲烷流体在沉积物中的流动-反应、甲烷与水在有利的物理化学条件下结晶形成天然气水合物这一动力学过程为纲,建立基于质量守恒定律、动量守恒定律(达西定律)、能量守恒定律(热传导方程)、质量作用定律(反应方程或相平衡方程)等基本原理之上的天然气水合物成藏动力学的数值模型,能够客观地揭示天然气水合物成藏机理,预测海底天然气水合物的形成、空间分布与历史演化,从而从成因的角度评价天然气水合物的资源量。

Rempel 和 Buffett(1997)假定了孔隙中甲烷的供给量,考虑甲烷在上升的流体输运进入天然气水合物稳定带后天然气水合物形成的速率,Xu 和 Ruppel(1999)进行了进一步扩展,从水文学的角度研究了孔隙流体中甲烷的对流与扩散两种过程对天然气水合物在海洋沉积物中产状、分布和演化的影响,揭示了流体流速、热流和甲烷供应速率对天然气水合物形成和分布的联合制约,但未能考虑地质演化对该过程的制约,如甲烷的来源、沉积物孔隙度的变化及流体的驱动机制等。Egeberg 和 Barth(1998)用海底观测的孔隙流体化学成分(Br^-、I^-)来估计布莱克海台处流体的流动速率,并据此推测沉积物中天然气水合物和 Cl^- 的分布(Egeberg and Dickens, 1999),该模型没有考虑沉积物中甲烷浓度的变化,无法基于热力学背景而从机理上研究天然气水合物生成速率。Davie 和 Buffett(2001)基于物质平衡方程,建立了一个被动大陆边缘条件下海底天然气水合物形成的数值模型,模型中考虑了孔隙流体中甲烷浓度的变化,即沉积作用不断将有机质带入天然气水合物稳定带,而有机质在细菌的作用下转变为甲烷,促进天然气水合物的形成。该模型只考虑了有机质转变为甲烷、溶解甲烷转变为游离态甲烷(稳定带之下)或天然气水合物(稳定带内)这一过程，没有全面考虑海底与甲烷有关的各种过程与地球化学分带，如硫酸盐还原作用、甲烷与二氧化碳、二氧化碳与碳酸盐之间的转化过程及制约因素，也只考虑了甲烷的来源(依据沉积物中有机质的供给速率建立甲烷产出速率数值模型)，而不考虑甲烷的消耗(由有机质转变而来的甲烷部分被硫酸盐氧化)，因而不可能对天然气水合物形成与分布，特别是海底地球化学分带(硫酸盐还原带、甲烷-硫酸盐界面、天然气水合物稳定带顶界)做出更准确的预测。

1. 沉积物中甲烷的物态变化——天然气水合物形成的物理化学条件

1)海底与天然气水合物有关的物质演化关系

海底沉积物中与天然气水合物有关的主要的碳循环过程，包括以下10个方面：①有机质生成甲烷(乙酸发酵形成生物甲烷+热解成因甲烷)；②有机质在硫酸盐还原作用下被氧化而形成二氧化碳；③二氧化碳生成甲烷(二氧化碳还原作用)；④甲烷在硫酸盐还原作用下被氧化而形成二氧化碳；⑤溶解甲烷在天然气水合物稳定带内形成天然气水合物；⑥天然气水合物分解形成溶解甲烷；⑦溶解甲烷在天然气水合物稳定带之下饱和后形成游离甲烷气；⑧游离甲烷气形成溶解甲烷；⑨游离甲烷气形成天然气水合物；⑩天然气水合物分解形成游离甲烷气(图 3-15)。

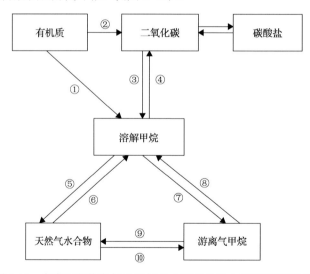

图 3-15 海底沉积物中与天然气水合物有关的主要的碳循环过程

天然气水合物形成需要合适的温度、压力与足量的甲烷等气体。海底条件下甲烷可能的三种存在形式：溶解态、游离态、天然气水合物态。甲烷究竟以哪种形式存在，取决于体系的温度压力，当环境温度压力变化时，会向着更稳定的存在形式或组合演化。热力学上可以分解为以下 3 个问题：①天然气水合物-游离气-海水三相平衡，通常出现于天然气水合物稳定带底部，相当于 BSR 的位置；②海水-甲烷气之间的相平衡，通常出现于游离甲烷期存在的情形下，如稳定带或 BSR 之下的含气层；③海水-甲烷天然气水合物之间的相平衡，对应于天然气水合物生成和赋存带，天然气水合物存在时必须和海水保持溶解平衡，使得与之共存的海水中溶解甲烷始终处于饱和状态。

由甲烷形成天然气水合物有两种途径，即由游离气形式的甲烷形成天然气水合物与由溶解态甲烷形成天然气水合物。天然气水合物稳定带的基底对应于天然气水合物-游离气-海水体系的三相平衡点(T_3, P_3)。在天然气水合物稳定带内，当甲烷的浓度超过其在海水中的溶解度时天然气水合物便会出现，在天然气水合物稳定带之下，当甲烷浓度超过其溶解度时则会出现游离气。给定温度和压力条件下，如何确定孔隙流体中甲烷的溶解度(无天然气水合物与含天然气水合物两种情形)是问题的关键。当然，孔隙流体的盐度、气体组成，毛细管现象等都会对溶解甲烷-天然气水合物-游离气之间的转化有一定程度的影响。

2) 天然气水合物稳定带判别

通过联立状态方程、地温梯度公式、厚度-深度关系式、压力-深度关系式，求解下列方程组。

天然气水合物稳定的状态方程：

$$P=\Psi\left(T, x_{Gi}, x_{Sk}\right) \tag{3-58}$$

地温梯度公式：

$$T=T_0+\left(\Delta T/\Delta Z\right)Z \tag{3-59}$$

厚度-深度关系式：

$$Z=D-Z_0 \tag{3-60}$$

压力-深度关系式：

$$P=a_0+a_1D+a_2D^2 \tag{3-61}$$

式(3-58)~式(3-61)中，P 为沉积物孔隙流体压力；T 为温度；x_{Gi} 为第 i 种气体分子的组成；x_{Sk} 为孔隙流体中第 k 个盐类分子的盐度；T_0 为海底温度；Z_0 为海水-沉积物界面深度；D 为沉积层深度；Z 为沉积层的厚度；$\Delta T/\Delta Z$ 为地温梯度；a_0、a_1、a_2 为压力-深度关系二次多项式方程的系数。求得孔隙流体的压力等于天然气水合物三相平衡的压力时对应的深度，就是稳定带底界，底界到海底范围内的沉积层厚度即为稳定带的厚度。在稳定带内，存在充足的水和甲烷(天然气时)，则存在天然气水合物。

3) 沉积物孔隙流体中甲烷饱和浓度的计算

(1)气液平衡条件下甲烷的溶解度。

有关气液平衡条件下甲烷的溶解度的实验很多，现有的理论模型基本上能够很好地计算给定温度与压力条件下的气液平衡性质和溶解度。模拟中选择 Duan 等(1992)模型来计算气液平衡时甲烷的溶解度。

(2)天然气水合物-海水二相平衡条件下甲烷的饱和度。

含天然气水合物层孔隙水中所含溶解气的饱和度 S 是原地温度 T、压力 P 的函数。利用拉曼原位测试方法，可以获得不存在游离气的天然气水合物与水之间的二相平衡体系下的溶解度数据，进而获得了下列定量计算公式：

$$S = \exp\left(0.061695T - 6.7898800 + 0.0005372P - 0.0001153P^2\right) \tag{3-62}$$

2. 成岩作用过程中物质输运-反应模型

1)深部地质环境决定生物成因甲烷产出的因素

Rice 和 Claypool（1981）总结了有利于微生物成因气形成和聚集的地质条件，包括高沉积速率、低温和存在足够的有机质。快速沉积物的堆积及足够的孔隙空间（1μm）是产生大量微生物成因气的有利因素（Boone et al.，1993）。微生物成因气的产出需要厌氧、含 CO_2、低硫酸盐浓度的环境（Oremland et al.，1988），温度为 9（Kotelnikova et al.，1998）～110℃，这一温度上限决定了产烷生物在地下能够存活的深度。现代的近地表环境中都发生着 CO_2 还原作用和发酵作用，而 CO_2 还原作用是被深埋着的古代生物甲烷形成的主要途径（Rice and Hostert，1993），与之有关的有机质主要是木质素分解的产物——腐殖酸，有机质浓度在 0.5%～1%。乙酸的发酵作用和 CO_2 还原作用可以同时进行，但在不同的有机质沉积阶段的两者的重要性不同，随着深度的增加，乙酸的发酵作用转变为 CO_2 还原作用。

甲烷的氧化有两个途径：一是与产烷细菌和硫酸盐还原菌有关的厌氧氧化，二是以甲烷为营养的微生物的氧化作用，海底沉积物中主要为前者。甲烷的最大氧化速率通常出现于硫酸盐还原带的底部，导致了硫酸盐还原速率出现一个峰值。

2)微生物作用的范围

微生物可以存活在非常深的地下（2.8km）（Fredrickson and Onstott，1996），甚至可以利用跨越较大地质历史尺度的晚白垩以来较老沉积物中的有机质。浅表沉积物（1m 以上）中含有较高数量的微生物（1.4×10^9～4×10^9 个/cm^3，分别为日本海和秘鲁边缘海），随着深度的增加微生物的数量快速地减少，尽管海底 500m 深处的沉积物中仍有很多微生物（平均 2.76×10^6 个/cm^3），但其数量比浅表沉积物中的平均减少了 97%。微生物数量与海洋背景有关，在水深较浅、生产率高的秘鲁边缘（ODP112 航次）微生物数量较高，而生产率低的东赤道太平洋（ODP138 航次）微生物数量少。限制微生物在较深沉积物中分布的一个因素是在埋藏过程中温度不断升高。Killops 和 Massoud（1992）认为大约在 50℃温度和 1km 深度，微生物作用开始让位于热作用。但是在胡安·德富卡海岭热烟囱 113℃的热液中发现了喜异常高温的微生物，目前还不知道在浅表沉积物中有没有这种微生物。此外，微生物数量与深度有明显的线性关系，而与地质时代、孔隙度的关系则不如深度重要。

3)微生物作用速率

海岸带表层沉积物中硫酸盐还原速率范围通常为 20～150nmol/（$cm^3 \cdot d$）（Ferdelman et al.，1997），深海海底沉积物中则比海岸带低。海水中溶解硫酸盐的浓度大约为

28mmol/L(质量分数大约为 0.224%)，墨西哥湾深水沉积物中硫酸盐还原速率为 4.3nmol $SO_4^{2-}/(cm^3 \cdot d)$。

4)物质反应-输运模型

硫酸盐还原作用和甲烷的生成作用被认为是海底浅层沉积物中有机质分解主导的两个反应，硫酸盐作为氧化剂时有机质的分解作用可以用下列反应来描述：

$$CH_2O + 1/2\ SO_4^{2-} \longrightarrow HCO_3^- + 1/2H_2S$$

式中，CH_2O 为可反应的有机碳。当硫酸盐的浓度下降到某一个不足以维持硫酸盐还原菌的阈值时(图 3-16)，有机碳的分解则主要是生成甲烷：

$$CH_2O \longrightarrow 1/2CO_2 + 1/2CH_4$$

生成的部分甲烷向上扩散而在硫酸盐还原带内被演化氧化：

$$CH_4 + SO_4^{2-} \longrightarrow HCO_3^- + HS^- + H_2O$$

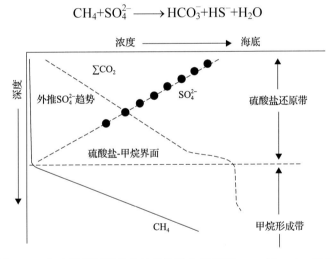

图 3-16　海底浅层沉积物中地球化学分带(据 Borowski et al., 1999)

如果孔隙水中甲烷的浓度超过原地的饱和度(溶解度)，沉积物中将会形成气相形式的甲烷；在天然气水合物稳定带内，则会形成天然气水合物。当气泡的浮力超过沉积物黏性阻滞力时就会发生冒泡现象，冒泡将甲烷气快速地从沉积物中运进上覆海水中。

因此，沉积物中天然气水合物的浓度取决于多种因素：①沉积物表面有机质沉淀的通量；②沉积有机质的反应能力；③维持硫酸盐还原作用所需的硫酸盐的量；④产生的甲烷在硫酸盐还原带中被氧化的量；⑤原地条件下甲烷的溶解度；⑥经冒泡从沉积物中逸散的甲烷的速率。

本次研究用成岩作用模型来描述和模拟沉积物中天然气水合物形成与分解的作用过程，这些模型本质上都是质量平衡方程，其中反应速率与扩散和对流作用保持平衡。研究的目的在于掌握有机质含量(G)、硫酸盐溶解度(S)、溶解甲烷浓度(M_{diss})、天然气水合物饱和度(S_h)、游离甲烷含量(S_B)、二氧化碳含量(M_{CO_2})及孔隙流体中盐度(M_{Cl^-})等 7 个变量在时空上的动态变化。

沉积盆地中任一沉积单元(e)中分布的活性颗粒有机质含量(G)与沉积单元之间没有相对移动，其分解反应为一级反应：

$$\frac{\partial G}{\partial t} = -k_g G \tag{3-63}$$

式中，k_g 为有机质分解的速率常数。若该沉积单元最初(自海平面接受)有机质含量为 G_0^e，则该单元中有机质与时间 t 的关系为：

$$G(t) = G_0^e e^{-k_g t} \tag{3-64}$$

硫酸盐溶解度(S)的变化包含三个方面，即扩散、对流、氧化活性有机质及甲烷所产生的硫酸盐消耗：

$$\frac{\partial}{\partial t}\phi(1-S_h)S = \nabla\left[\phi(1-S_h)D_S\nabla S\right] - \nabla\left[\phi(1-S_h)v_f S\right] - f_2\left(\frac{1}{2}k_g G + k_m M_{diss}\right) \tag{3-65}$$

式中，ϕ 是沉积层的孔隙度；D_S 是原地温度和盐度条件下硫酸盐在沉积物中的扩散系数；对流速度 v_f 是下降沉积物的速率与上升地下水流动速度的和；k_m 是甲烷被硫酸盐氧化的速率常数。f_2 为条件函数，在硫酸盐还原带中为1，在甲烷生成带中为0，在过渡带中介于0～1。

类似地，沉积单元体孔隙流体中溶解甲烷的浓度 M_{diss} 随时间上的变化，等于空间上扩散、对流、有机质(乙酸)发酵和二氧化碳还原作用生成的量、被硫酸盐氧化的量及与天然气水合物和游离气之间的转化量之间保持守恒，满足下列关系：

$$\begin{aligned}
\frac{\partial}{\partial t}\phi(1-S_h)M_{diss} &= \nabla\left[D_M\phi(1-S_h)\nabla M_{diss}\right] - \nabla\left[v_f\phi(1-S_h)M_{diss}\right] \\
&\quad + f_1\left[\frac{1}{2}k_g G\right] + f_3\left[k_{CO_2}M_{CO_2}\right] - f_4\left[k_m M_{diss}\right] \\
&\quad - f_{56}\left[k_h(M_{diss}-M_{eq}^h)\right] - f_{78}\left[k_D(M_{diss}-M_{eq}^B)\right]
\end{aligned} \tag{3-66}$$

式中，D_M 是甲烷在沉积物中的扩散系数；k_{CO_2} 是二氧化碳还原转化为甲烷的速率常数；M_{CO_2} 是二氧化碳的浓度；k_D 是甲烷气体的溶解速率常数；k_h 是天然气水合物形成与分解的速率常数；M_{eq}^h 为天然气水合物溶解平衡时的甲烷浓度；M_{eq}^B 为沉积物中游离气溶解平衡时甲烷的浓度；f_1、f_3、f_4、f_{56}、f_{78} 为条件函数；当对应的反应1、3、4、5、7(图3-15)发生时，f_1、f_3、f_4、f_{56}、f_{78} 取1；反应6、8发生时，f_{56}、f_{78} 取−1。

沉积物中的气态甲烷，通常只存在于天然气水合物稳定带之外，因而进入天然气水合物稳定带相边界内沉积单元的游离气甲烷将全部转化为天然气水合物(f_9 等于1)；当沉积单元进入天然气水合物稳定带之外时天然气水合物则全部在该单元内转变为游离气(f_{10} 等于1)。此外，由于甲烷溶解度的变化和流体中溶解甲烷浓度的变化，游离气量则发生改变以维持溶解平衡。满足下列关系(不考虑冒泡时甲烷气体逸出)：

$$\frac{\partial}{\partial t}\phi(1-S_{\text{B}})S_{\text{B}} = \nabla\left[D_{\text{B}}\phi(1-S_{\text{B}})\nabla S_{\text{B}}\right] - \nabla\left[v_{\text{f}}\phi(1-S_{\text{B}})S_{\text{B}}\right]$$
$$+ f_{78}\left[k_{\text{D}}(M_{\text{diss}} - M_{\text{eq}}^{\text{B}})\right] - f_9(k_{\text{h}}^{\text{B}}B) + f_{10}(k_{\text{h}}^{\text{B}}H) \tag{3-67}$$

式中，D_{B} 是原地温度和盐度条件下气泡在沉积物中的有效扩散系数；k_{h}^{B} 是游离气泡与天然气水合物之间转化的速率常数，模拟地质时间尺度时通常取极大值 1。

假定天然气水合物与沉积单元不流动，因而 dt 时间内沉积单元中天然气水合物的饱和度(S_{h})的变化为

$$\frac{\text{d}S_{\text{h}}}{\text{d}t} = f_{56}\left[k_{\text{h}}(M_{\text{diss}} - M_{\text{eq}}^{\text{H}})\right] + f_9(k_{\text{h}}^{\text{B}}B) - f_{10}(k_{\text{h}}^{\text{B}}S_{\text{h}}) \tag{3-68}$$

二氧化碳浓度 M_{CO_2} 随时间的变化，等于空间上扩散、对流、硫酸盐对有机质和甲烷的氧化、有机质分解的量和二氧化碳还原作用形成甲烷所消耗的量之间保持守恒：

$$\frac{\partial}{\partial t}\phi(1-S_{\text{h}})M_{\text{CO}_2} = \nabla\left[D_{\text{CO}_2}\phi(1-S_{\text{h}})\nabla M_{\text{CO}_2}\right] - \nabla\left[v_{\text{f}}\phi(1-S_{\text{h}})M_{\text{CO}_2}\right]$$
$$+ f_{24}\left(\frac{1}{2}k_{\text{g}}G + k_{\text{m}}M_{\text{diss}}\right) + \frac{1}{2}k_{\text{g}}G - f_3(k_{\text{CO}_2}M_{\text{CO}_2}) \tag{3-69}$$

式中，D_{CO_2} 是原地温度和盐度条件下二氧化碳在沉积物中的有效扩散系数。

假定流体中 Cl^- 不参与任何化学反应，Cl^- 浓度 M_{Cl^-} 满足下列守恒式，

$$\frac{\partial}{\partial t}\phi(1-S_{\text{h}})M_{\text{Cl}^-} = \nabla\left[D_{\text{Cl}^-}\phi(1-S_{\text{h}})\nabla M_{\text{Cl}^-}\right] - \nabla\left[v_{\text{f}}\phi(1-S_{\text{h}})M_{\text{Cl}^-}\right] \tag{3-70}$$

式中，D_{Cl^-} 是原地温度和盐度条件下氯离子在沉积物中的有效扩散系数。

上述方程中隐含了这些假设：系统是稳态的；硫酸盐的还原与甲烷的生成作用是有机质分解的两个主导的反应途径；沉积物不受扰动；有机质的分解、甲烷的氧化、气体的溶解、天然气水合物的溶解等反应都服从一级反应动力学。

上边界条件(海底)：

$$F_{\text{g}} = \frac{G\varpi}{\varphi}$$
$$S = M_{\text{BW}}$$
$$M_{\text{diss}} = 0$$
$$S_{\text{h}} = 0$$
$$S_{\text{B}} = 0 \tag{3-71}$$
$$\nabla M_{\text{CO}_2} = 0 \text{ 或 } M_{\text{CO}_2} = 0$$
$$M_{\text{Cl}^-} = M_{\text{Cl}^-}^{\text{SW}}$$

式中，F_{g} 为沉积层顶面有机质沉积通量；ϖ 为沉积速率；M_{BW} 为底层海水中硫酸根离子浓度；$M_{\text{Cl}^-}^{\text{SW}}$ 为海水中氯离子浓度。

下边界条件[通常 $Z>-kG\ln(0.0001/w)$]和左右边界为自由边界。

3. 沉积压实过程、流体的流动与热量的传递

盆地演化过程中发生着沉积压实过程、流体的流动与热量的传递，从而改变着盆地格架、盆地内部的温度场压力场，改变了盆地内有机质演化的进程、控制着流体的流动。古温度场、压力场、流体场的模拟主要基于以下方程：介质连续性方程、流体流动方程、热流方程（Bethke and Marshak, 1990; 吕万军, 2004）。

1）介质连续性方程

类似于弹簧，在被压缩时其各点会以不同速率运动，在沉积盆地演化的过程中，随着沉降与压实作用的进行，不同深度地层的沉降速率也是不一样的，可以用下式表达了这种变化：

$$\frac{\partial v_{zm}}{\partial z} = \frac{1}{\Delta z}\frac{\partial \Delta z}{\partial t} \tag{3-72}$$

式中，v_{zm} 为地层介质运动速率；z 为地层深度。假设介质为不可压缩的岩石类型，介质运动的速率是孔隙度随时间变化速率的函数，式（3-72）可变化为

$$\frac{\partial v_{zm}}{\partial z} = \frac{1}{1-\phi}\frac{\partial \phi}{\partial t} \tag{3-73}$$

式中，ϕ 为孔隙度。

2）流体流动方程

在孔隙度和温度不断变化的介质中，组分一定的单相孔隙流体的运动可以用流体势描述。这种可轻微压缩的流体首先满足下面的状态方程：

$$\frac{1}{\rho}\partial \rho = \beta \partial P - \alpha \partial T \tag{3-74}$$

式中，ρ 为流体密度；α 为孔隙流体热膨胀的等压系数；β 为孔隙流体压缩的等温系数；P、T 分别为压力和温度。而流体势、流体密度和流体体积分别可由以下公式计算：

$$\partial P \approx \partial \Psi + \rho g \partial z \tag{3-75}$$

$$\partial \rho = \frac{1}{V}\partial m - \frac{\rho}{V}\partial V \tag{3-76}$$

$$\partial V = \phi \partial V_b + V_b \partial \phi = \frac{V_b}{1-\phi}\partial \phi \tag{3-77}$$

另外，根据达西定律，流体通量为

$$q_s = -\frac{k}{\mu}\frac{\partial \Psi}{\partial S} \tag{3-78}$$

在任意的曲线方向 S 上有

$$\partial m = \left[\frac{\partial}{\partial x}\left(\frac{\rho k_x A_x}{\mu}\frac{\partial \Psi}{\partial x} \right)\Delta x + \frac{\partial}{\partial z}\left(\frac{\rho k_z A_z}{\mu}\frac{\partial \Psi}{\partial z} \right)\Delta z \right]\partial t \tag{3-79}$$

式(3-75)～式(3-79)中，P 为孔隙流体压力；A_x、A_z 分别为 x 和 z 方向的横截面积；k 为渗透率；k_x 和 k_z 为 x 和 z 向的渗透率分量；Ψ 为势能；μ 为流体黏度；m 为流体质量；ρ 为流体密度；V 为流体体积；V_b 为介质骨架的总体积，对于饱和流，$V=V_b\phi$。

联立以上方程，可得

$$\phi V_b \beta \left(\frac{\partial \Psi}{\partial t} + \rho g v_{zm} \right) = \frac{1}{\rho}\left[\frac{\partial}{\partial x}\left(\frac{\rho k_x A_x}{\mu}\frac{\partial \Psi}{\partial x} \right)\Delta x + \frac{\partial}{\partial z}\left(\frac{\rho k_z A_z}{\mu}\frac{\partial \Psi}{\partial z} \right)\Delta z \right] - \frac{V_b}{1-\phi}\frac{\partial \phi}{\partial t} + \phi V_b \alpha \frac{\partial T}{\partial t}$$
$$\tag{3-80}$$

当已知岩石物理学参数(岩石密度、孔隙度、渗透率、热导率、热容量)和流体力学参数(密度、黏度)时空变化，通过介质连续性方程、热传导方程求出地层介质运动速率 v_{zm}、温度等参数后，由式(3-80)便可求得流体势及流量 q_x、q_z 等流动参数，而流体在横向与垂向上的平均速率 v_x、v_z 分别等于 q_x/ϕ、q_z/ϕ。

3) 热流方程

热流方程主要用来解决盆地中的热分布问题。盆地中的热分布是热传导作用、地下水(流体)的对流作用、内部热源(q_H)等综合作用的结果，单元体的热焓 H_t 如下：

$$\frac{\partial H_t}{\partial t} = \frac{\partial H_t}{\partial t}\bigg|_c + \frac{\partial H_t}{\partial t}\bigg|_a + q_H \tag{3-81}$$

其中，式(3-81)左边可分离为流体的热焓 H_w 和岩石颗粒的热焓 H_r：

$$\begin{aligned}
\frac{\partial H_t}{\partial t} &= \frac{\partial}{\partial t}\left(H_w + H_r \right) \\
&= \rho\left(\phi V_b \frac{\partial H_w}{\partial t} + H_w \frac{\partial V}{\partial t} \right) + \rho_r\left(1-\phi \right)V_b \frac{\partial H_r}{\partial t} \\
&= V_b \left[\rho\phi C_w + \rho_r\left(1-\phi \right)C_r \right]\frac{\partial T}{\partial t} + \frac{\rho H_w V_b}{1-\phi}\frac{\partial \phi}{\partial t}
\end{aligned} \tag{3-82}$$

式中，C_w 和 C_r 分别为流体和岩石颗粒的热容。因流体热焓的变化是由传导和对流引起的，所以式(3-82)可改写为

$$\begin{aligned}
V_b \left[\rho\phi C_w + \rho_r\left(1-\phi \right)C_r \right]\frac{\partial T}{\partial t} &= \frac{\partial}{\partial x}\left(\frac{\rho K_x A_x}{\mu}\frac{\partial \phi}{\partial x} \right)\Delta x + \frac{\partial}{\partial z}\left(\frac{\rho K_z A_z}{\mu}\frac{\partial \phi}{\partial z} \right)\Delta z \\
&\quad - \rho Q_x C_w \frac{\partial T}{\partial x}\Delta x - \rho Q_z C_w \frac{\partial T}{\partial z}\Delta z - \rho H_w\left(\frac{\partial Q_x}{\partial x}\Delta x + \frac{\partial Q_z}{\partial z}\Delta z \right) + Q_h \\
&\quad - \frac{\rho H_w V_b}{1-\phi}\frac{\partial \phi}{\partial t}
\end{aligned}$$
$$\tag{3-83}$$

式中，K_x、K_z分别为横向、垂向上的热导率；Q_x、Q_z为流体横向、垂向的通量。

4. 天然气水合物成藏模拟数值方法的构造

1) 沉积单元的网格化

在剖面上按地质界线(不整合面或层序界面)划分为若干的层，每一层代表一段地质历史时期的沉积层。将沉积层在横向上分若干列，由层、列构成的网格所限制的四边形再分成上下两个三角形，网格单元、结点与沉积体之间的对应关系如图3-17所示。结点的编号(n_{Node})由层号和列号计算：

$$n_{\mathrm{Node}}=n_{\mathrm{Col}}(j-1)+i \tag{3-84}$$

式中，i表示列；j沉积体所在的层；n_{Col}为总列数。

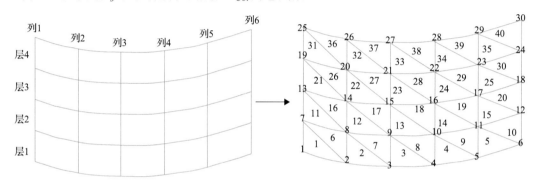

图3-17 剖面上按行列剖分三角形有限单元网格

网格交叉处数字代表结点编号，网格内数字为单元编号

下边的三角形单元号n_1可由层号和列号表示为

$$n_1=2(j-1)(n_{\mathrm{Col}}-1)+i \tag{3-85}$$

其对应的结点编号k_1、k_2、k_3(按逆时针方向次序)为

$$k_1=(j-1)n_{\mathrm{Col}}+i \tag{3-86}$$

$$k_2=(j-1)n_{\mathrm{Col}}+i+1 \tag{3-87}$$

$$k_3=jn_{\mathrm{Col}}+i \tag{3-88}$$

上边的单元号n_2可表示为

$$n_2=n_1+(n_{\mathrm{Col}}-1) \tag{3-89}$$

其对应的结点编号(按逆时针方向次序)为

$$k_1=jn_{\mathrm{Col}}+i \tag{3-90}$$

$$k_2=(j-1)n_{\mathrm{Col}}+i+1 \tag{3-91}$$

$$k_3 = jn_{Col} + i + 1 \tag{3-92}$$

2) 单元和结点上变量的离散化

考虑前述几个对流-扩散-反应方程的源汇项 I，硫酸盐源汇项(I_S)、溶解甲烷源汇项($I_{M_{diss}}$)、二氧化碳源汇项($I_{M_{CO_2}}$)、游离气(I_B)的源汇项分别为

$$I_S = -f_2\left(\frac{1}{2}k_G G + k_M M_{diss}\right) \tag{3-93}$$

$$I_{M_{diss}} = f_1\left(\frac{1}{2}k_G G\right) + f_3(k_{CO_2} M_{CO_2}) - f_4(k_M M_{diss}) \\ - f_{56}\left[k_H(M_{diss} - M_{eq}^H)\right] - f_{78}\left[k_D(M_{diss} - M_{eq}^B)\right] \tag{3-94}$$

$$I_{M_{CO_2}} = f_{24}\left(\frac{1}{2}k_G G + k_M M_{diss}\right) + \frac{1}{2}k_G G - f_3(k_{CO_2} M_{CO_2}) \tag{3-95}$$

$$I_B = f_{78}\left[k_D(M_{diss} - M_{eq}^B)\right] - f_9(k_H^B B) + f_{10}(k_H^B H) \tag{3-96}$$

因而可以整理成对流-扩散-反应方程的通用形式进行求解：

$$\frac{\partial}{\partial t}\phi(1-H)C_i = \nabla\left[D_i\phi(1-H)\nabla C_i\right] - \nabla\left[v_f\phi(1-H)C_i\right] + I_i \tag{3-97}$$

当忽略孔隙度时空变化对溶质输运-反应的影响时，进一步整理为

$$\frac{\partial}{\partial t}C_i = \nabla(D_i\nabla C_i) - \nabla(v_f C_i) + \frac{I_i}{\phi(1-H)} \tag{3-98}$$

式中，C_i 表示孔隙流体中硫酸盐、溶解甲烷、二氧化碳、氯离子、游离气的浓度；I_i 表示上述源汇项。式(3-98)可用伽辽金有限元法求解(唐仲华和陈崇希，1991)。

3) 网格中沉积单元体中变量变化特征

网格中沉积单元体状态变量特征及变化，取决于沉积单元体所处的地球化学分带的属性特征。沉积单元属于哪一地球化学分带，由沉积单元体中物质浓度与临界浓度或由沉积单元的温度压力与临界温度压力的相对大小来判断(见天然气水合物形成条件部分)。研究体系在空间上自上而下包括大气层、海水层、沉积物层、基底四个部分，对天然气水合物而言则主要考虑以上边界为海水、下边界为盆地基底的这一范围，自上而下依次分为硫酸盐还原带(SRZ，$S > S_0$)、上溶解气带(UDGZ，$M_{diss} < M_{eq}^h$，$S < S_0$)、天然气水合物稳定带(GHZ)、下溶解气带(LDGZ，$M_{diss} < M_{eq}^h$)、游离气带(FGZ)。由于甲烷总含量的不同主要有以下四种不同分带组合的情形，特点如下。

(1)当沉积物中甲烷总含量很小，沉积单元中溶解气的浓度既达不到天然气水合物形成所需的浓度(稳定带内)，也达不到溶解气形成所需的浓度(稳定带外)。

(2)当所有沉积单元都处于天然气水合物稳定带之外，溶解甲烷浓度不断增加而达到饱和浓度时，将形成游离气聚集带(FGZ)。

(3)当溶解甲烷通量较小，由下部游离气转化而来的溶解气向上运动(对流、扩散)很慢，浓度梯度很大，从而使天然气水合物稳定带的底部溶解气浓度达不到维持天然气水合物存在所需的浓度(稳定带内)，因而在稳定带内将形成下溶解气带。

(4)当下部游离气转化而来的溶解气向上运动(对流、扩散)很快，下溶解气带逐渐消失，使天然气水合物稳定带直接与游离气带相连。

3.4 海域天然气水合物资源评价流程

从目前天然气水合物勘查程度和地质认识来看，我国天然气水合物资源评价要做到对每一个区域各项参数逐一落实还很困难。但在充分吸收国内外常规油气、非常规油气资源评价的经验基础上，已初步形成我国天然气水合物资源评价流程(图3-18)。

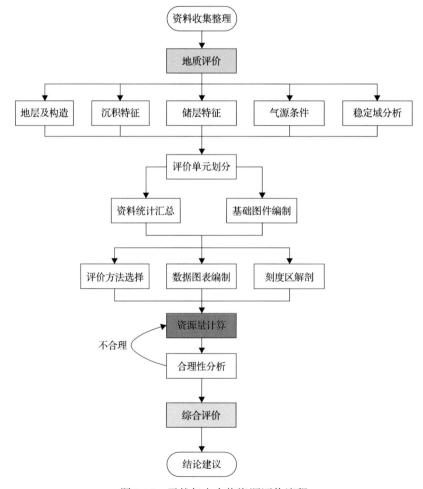

图 3-18　天然气水合物资源评价流程

1. 资料收集、整理

首先要充分收集评价区域天然气水合物地质、地球物理及地球化学等基础调查数据和资料，摸清评价区域天然气水合物勘查程度，根据不同评价方法技术要求对收集的资料进行细致、准确地分析整理，以便进行后续的资源评价工作。

2. 地质分析

在基础资料整理、分析的基础上，以天然气水合物成藏理论为指导，综合分析评价区域地层及构造、沉积特征及天然气水合物稳定带、气源条件及储层特征等，深入总结评价区域天然气水合物的成藏特征与富集规律。以此为基础划分评价区域天然气水合物各级评价单元，确定基本评价单元和评价方法，开展资源评价和风险分析。

3. 评价单元划分

根据天然气水合物的勘查阶段及勘查程度，分别划分天然气水合物资源成矿远景区、成矿区带、成矿区块等评价单元。

4. 明确方法、参数选取及资源量计算

针对不同评价单元的地质特征和勘查程度，确定评价方法和参数。目前，评价方法一般以容积法结合概率法为主，类比法和成因法为辅。通常在概查阶段，主要评价远景区，主要采用容积法结合概率法。在普查阶段，主要评价成矿区带，一般采用容积法结合概率法。在详查阶段，主要评价成矿区块，一般采用基于三维地质建模的容积法。评价参数主要依据评价方法和勘查程度来选取，所用参数要具有相对统一性、合理性，并能客观反映成藏地质条件。对关键参数进行研究，分析影响关键参数的主要地质因素，总结规律，建立统一地质模型，掌握关键参数在不同评价地区的特征，明确其在不同地区的应用条件和取值标准。

5. 合理性分析

检查原始资料的准确性、评价方法的适用性、评价参数的合理性、评价过程的科学性，对评价结果进行合理性分析。

6. 综合研究与结论建议

对天然气水合物资源勘探开发潜力从区域经济、地理、勘探开发技术等方面进行综合研究，为不同地区天然气水合物资源开发利用提出建议。

第4章 天然气水合物地质认识

天然气水合物在自然界中分布广泛，目前已发现的天然气水合物主要分布在陆域永久冻土带、内陆深湖盆沉积物及外大陆架和斜坡的浅海沉积层中。天然气水合物矿藏埋藏浅、规模大，通常赋存于海底以下 800m 内的沉积层内，矿藏储层一般厚数厘米至数儿百米，分布面积数千平方千米至数十万平方千米，单个海域天然气水合物中的天然气可达数万亿立方米至数百万亿立方米。天然气水合物具有资源能量密度高、清洁等特点，标准状态下天然气水合物分解后气体体积与水体积之比为 164∶1，其能量密度是常规天然气的 2～5 倍，是煤的 10 倍；同时，由于天然气水合物主要成分是甲烷，燃烧后儿乎不产生环境污染物质，所以也被称为未来理想的清洁能源。

4.1　基　本　性　质

天然气水合物的外观和许多物理性质与冰相似，但是天然气水合物是一种笼形包合物，其成分、结构和物理化学属性上都具有独特的性质，且不同结构的天然气水合物物理化学性质也有所不同。

4.1.1　化学性质

天然气水合物是一种自然产出的笼形包合物，以甲烷为主的气体分子(客体分子)在其中被水分子(主体分子)借助氢键构成的笼形晶格所包容。迄今为止，已发现的自然产出的天然气水合物结构类型有 3 种，即Ⅰ型结构、Ⅱ型结构和 H 型结构(简记作Ⅰ、Ⅱ和 H)(图 4-1)。其中，Ⅰ型结构为立方晶体结构，它共包含 46 个水分子，由 2 个小孔穴和 6 个大孔穴组成，大孔穴由 12 个五边形和 2 个六边形组成十四面体($5^{12}6^2$)，共有 24 个水分子组成扁球形结构；小孔穴为五角十二面体(5^{12})，共有 20 个水分子组成球形结构。Ⅰ型天然气水合物结构式为 $2(5^{12})6(5^{12}6^2) \cdot 46H_2O$。Ⅱ型结构为菱形晶体结构，包含 136 个水分子，由 8 个大孔穴和 16 个小孔穴组成。大孔穴由 12 个五边形和 4 个六边形组成准球形的十六面体($5^{12}6^4$)，由 28 个水分子组成；小孔穴为五边形十二面体(5^{12})，但直径上略小于Ⅰ型结构的小孔穴。Ⅱ型天然气水合物理论化学式为 $16(5^{12}) \cdot 8(5^{12}6^4) \cdot 136H_2O$。H 型结构为六方晶体结构，包含 34 个水分子，由 3 个小孔穴、2 个中孔穴和 1 个大孔穴构成，单晶中有 3 种不同的孔穴：由 12 个正五边形构成的十二面体(5^{12})孔穴；由 3 个正方形、6 个正五边形和 3 个正六边形构成的扁球形十二面体($4^35^66^3$)孔穴；由 12 个正五边形和 8 个正六边形构成的椭球形二十面体($5^{12}6^8$)孔穴，H 型天然气水合物的结构式为 $3(5^{12})2(4^35^66^3)1(5^{12}6^8) \cdot 34H_2O$。Ⅰ型、Ⅱ型和 H 型天然气水合物的晶体结构、矿物学性质及其与冰的对比见表 4-1。

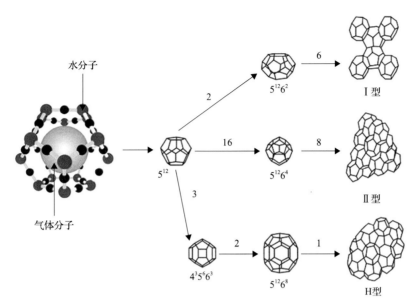

图 4-1　Ⅰ型、Ⅱ型和 H 型天然气水合物晶体结构类型示意图

表 4-1　Ⅰ型、Ⅱ型和 H 型天然气水合物在晶体结构、矿物学性质及其与冰的对比

	晶体结构			
	Ⅰ型天然气水合物	Ⅱ型天然气水合物	H 型天然气水合物	冰
晶系	立方	立方	六方	六方
空间群	$Pm3n$	$Fd3m$	$P6/mmm$	$P6_3/mme$
晶格	原胞	面心	六方	六方
晶胞参数	$a=12$Å	$a=17.3$Å	$a=12.2$Å，$c=10.2$Å，	$a=4.52$Å，$c=7.83$Å，
	$\alpha=\beta=\gamma=90°$	$\alpha=\beta=\gamma=90°$	$\alpha=\beta=90°$，$\gamma=120°$	$\gamma=120°$
	$46H_2O$	$136H_2O$	$34H_2O$	
水分子数	46	136	34	4
理论化学式	$6X·2Y·46H_2O$	$8X·16Y·136H_2O$	$1X·3Y·2Z·34H_2O$	H_2O
颜色	白，黄白（Ⅰ型和Ⅱ型天然气水合物）			白
光泽	透明，玻璃光泽（Ⅰ型和Ⅱ型天然气水合物）			透明，玻璃光泽
折射率	1.3082	1.3460	1.3500	
硬度	2.5	2.5		
密度/（g/cm³）	0.912	0.940	0.952	
节理	无（3 种天然气水合物）			
远红外光谱峰/cm⁻¹	229	229	229	229
Dana 矿物学分类：04　01　03 天然气水合物组				

注：X、Y、Z 分别代表大、小、中 3 种笼形结构。

　　3 种结构天然气水合物的晶格都是由不同类型、不同个数的水分子多面体晶腔紧密堆积而成。其中五角十二面体（5^{12}）是基本的多面体晶腔，它参与了这 3 种结构的天然气水合物晶格的构建。Ⅰ型天然气水合物晶格是由 2 个五角十二面体和 6 个十四面体晶腔组成。Ⅱ型天然气水合物晶格由 16 个五角十二面体和 8 个十六面体晶腔组成。H 型天然气水合物晶格则由 3 个五角十二面体、2 个十二面体和 1 个二十面体晶腔组成。这 3 种类型的天然气水合物晶体结构和晶胞参数不同（表 4-2）。

表 4-2　Ⅰ型、Ⅱ型和 H 型天然气水合物的晶体结构和晶胞参数

	晶格结构		
	Ⅰ型	Ⅱ型	H 型
晶系	立方	立方	六方
空间群	$Pm3n$	$Fd3m$	$P6/mmm$
多面晶体腔	小晶腔，大晶腔	小晶腔，大晶腔	小晶腔，中晶腔，大晶腔
	5^{12}，$5^{12}6^2$	5^{12}，$5^{12}6^2$	5^{12}，$4^3 5^6 6^3$，$5^{12}6^8$
晶胞中晶腔数	2，6	16，8	3，2，1
晶胞表达式	$2(5^{12})$　$6(5^{12}6^2)$	$8(5^{12}6^4)$　$16(5^{12})$	$1(5^{12}6^8)$　$3(5^{12})$　$2(4^3 5^6 6^3)$
	$46H_2O$	$136H_2O$	$34H_2O$
单位晶胞常数	$a=12\text{Å}$	$a=17.3\text{Å}$	$a=12.2\text{Å}$，$c=10.2\text{Å}$
	$\alpha=\beta=\gamma=90°$	$\alpha=\beta=\gamma=90°$	$\alpha=\beta=90°$，$\gamma=120°$
晶腔平均半径/Å	3.95，4.33	3.91，4.73	3.94，4.06，5.79
半径误差/%	3.4，14.4	5.5，1.73	4.0，8.5，15.1
配位数	20，24	20，28	20，20，36
水分子数/晶胞	46	136	34

这 3 种结构类型的天然气水合物不仅晶体结构、晶系和空间群不同，而且天然气水合物的气体组分、烃类气体的成因，以及天然气水合物赋存的地质环境均有所不同，它们主要区别可概括为以下几点。

(1)天然气水合物晶格结构各不相同。Ⅰ型天然气水合物的单位晶胞是由 46 个水分子形成的十四面体($5^{12}6^2$)和五角十二面体(5^{12})大小两种多面体晶腔构成。Ⅱ型的单位晶胞是由 136 个水分子形成的五角十二面体(5^{12})小晶腔和十六面体($5^{12}6^4$)大晶腔组成。H 型晶胞中有大、中、小 3 种多面体晶腔，多面体中除五边形晶面外，还有正四边形和正六边形，其二十面体晶腔最为巨大。3 种结构的多面体连接堆积的方式各不相同。Ⅰ型天然气水合物中五角十二面体(5^{12})是通过"共顶"互相连成三维的立体空间，构成 Weaire-phelan 结构。Ⅱ型天然气水合物的五角十二面体(5^{12})是通过"共面"连接，构成金刚石结构。在 H 型天然气水合物结构中，五角十二面体(5^{12})则拼成一个层面去连接其他多面体晶腔。

(2)天然气水合物的晶系和空间群各不相同。Ⅰ型天然气水合物和Ⅱ型天然气水合物是立方晶系，空间群分别 $Pm3n$ 和 $Fd3m$。Ⅰ型天然气水合物晶格为体心立方，Ⅱ型天然气水合物晶格为金刚石立方。H 型属六方晶系，空间群是 $P6/mmm$。

(3)天然气水合物中客体分子的成分和尺寸不同。Ⅰ型天然气水合物晶格中多面体不大，只能容纳 CH_4、N_2 及 H_2S 等小分子。Ⅱ型天然气水合物晶格中的十六面体($5^{12}6^4$)

晶腔大些，可接纳大于 C_2H_6 但小于 C_5H_{12} 的烃类气体。H 型天然气水合物中除小晶腔包笼甲烷外，二十面体晶腔尺寸巨大，可包容如芳香烃和环庚烷等的大分子。

(4) 天然气水合物成因和产出环境也不相同。I 型天然气水合物中的气体 98%以上是生物成因的甲烷，赋存于大洋海底的沉积物中。II 型天然气水合物的气体有来自深层热解成因的气体，天然气水合物的赋存常与断层等构造有关，也见于海洋的排气。至于 H 型天然气水合物，自然界中目前发现较少，在已发现的墨西哥湾天然气水合物储层中的研究认为其成因与石油天然气有关。

自然界中，II 型和 H 型天然气水合物比 I 型天然气水合物更稳定，但 I 型天然气水合物在自然界中分布最为广泛，目前已发现的天然气水合物 90%以上为 I 型，II 型次之，H 型结构极为少见，早期仅见于实验室，直到 1993 年才在墨西哥湾大陆斜坡发现其自然形态。除墨西哥湾外，在格林大峡谷地区还发现了 I 型、II 型和 H 型 3 种天然气水合物共存的现象。在我国南海北部神狐海域发现的天然气水合物主要以 I 型为主，甲烷含量高达 99.5%，含少量乙烷、丙烷。在祁连山冻土区发现的天然气水合物以 II 型为主，甲烷体积分数为 54%～76%，乙烷体积分数为 8%～15%，丙烷体积分数为 4%～21%，并有少量的丁烷、戊烷等，CO_2 体积分数一般为 1%～7%，高的可达 15%～17%。

4.1.2　物理性质

天然气水合物的物理性质，特别是波速数据和弹性数据对于天然气水合物的地球物理勘查十分重要，它们是制定各种地震和地球物理技术和方法的基础。

1. 基本物理特性

在自然界中，天然气水合物多呈白色、淡黄色、琥珀色，常以块状、层状、透镜状、结核状、脉状、浸染状等多种形态产出。以甲烷为主的天然气水合物的密度约为 $0.9g/cm^3$，接近并稍低于冰的密度，剪切系数、介电常数和热传导率均低于冰。天然气水合物的声波传播速度明显高于含气沉积物和饱和水沉积物，中子孔隙度低于饱和水沉积物。常见的 I 型和 II 型天然气水合物与冰的物理性质对比见表 4-3。

表 4-3　天然气水合物与冰的物理性质对比(据 Dvorkin 等，2000)

物理性质	密度 /（g/cm³）	纵波速度 V_p/(m/s)	横波速度 V_s/(m/s)	V_p/V_s	泊松比	剪切模量 /GPa	绝热容体模量	等热容体模量	绝热杨氏模量/10^9Pa	等温杨氏模量/10^9Pa
I 型水合物	0.91	3650	1890	1.93	0.317	3.2	7.7	7.2	8.5	7.9
II 型天然气水合物	0.94	3691	1892	1.95	0.32	3.2(2.4)	7.8	7.5	8.3	8.1
冰	0.917	3845	1957	1.96	0.325	3.5	8.9	8.6	9.3	9.0

2. 含天然气水合物储层的物理性质

天然气水合物的物理性质与冰较为接近，与岩石存在较大差异。因此，天然气水合物的存在改变了沉积层的某些物理性质，为区别含天然气水合物储层与不含天然气水合物储层提供了依据。含天然气水合物储层的波速和电阻率均明显高于不含天然气水合物的储层。这种含天然气水合物储层在物理参数上的差异已被成功应用于圈定海底钻孔剖面中天然气水合物赋存的部位，甚至帮助推断沉积层中天然气水合物的富集情况（饱和度）。有资料显示，若沉积层有15%的孔隙被天然气水合物填充，则其储层的地震波速会提高15%～20%。沉积层的一些物理性质因含天然气水合物而发生改变，例如除弹性模量改变外，还提高了波速、电阻率和热导率。特别是当沉积层中有天然气水合物充当胶结物时，则沉积层的机械性能随沉积层含天然气水合物数量增大而提高。当沉积层中天然气水合物含量小于40%时，天然气水合物含量对沉积层的剪切应力影响不大，但当天然气水合物含量大于40%时，则沉积层的剪切应力随天然气水合物含量增大而增大。

4.1.3 热学性质

热学数据是天然气水合物的重要性质。所有有关天然气水合物的形成条件、天然气水合物的分解、天然气水合物的稳定性等源于气体水合物的热学性质。虽然目前有关天然气水合物的热学性质的研究开展得较多，但都很不完善，下面简单概述一下天然气水合物的热容、吸附热、分解热、热导率等热学性质。

1. 天然气水合物的热容

天然气水合物的热容对研究天然气水合物的形成和分解，以及天然气水合物的开发都是非常重要的参数。目前，该方面资料尚不够丰富。早期有 Handa（1986）的一批低温条件下甲烷、乙烷的等压摩尔热容 c_p（表4-4）。Waite 等（2005）给出了 I 型、H 型天然气水合物在253～288K 时的热容数据分别为2080J/(mol·K)和2130J/(mol·K)。

表4-4 甲烷、乙烷和丙烷的等压摩尔热容（据 Handa, 1986）

T/K	$c_{p,\mathrm{CH_4 \cdot 6H_2O}}$/[J/(mol·K)]	$c_{p,\mathrm{C_2H_6 \cdot 7.67H_2O}}$/[J/(mol·K)]	$c_{p,\mathrm{C_3H_8 \cdot 17H_2O}}$/[J/(mol·K)]
240	233.7	310.9	644.0
250	240.4	323.0	674.4
260	248.4	337.8	710.2
270	257.6		

2. 天然气水合物的吸附热

天然气水合物的形成过程是水分子先以氢键结合成笼形结构，气体分子再进入笼形结构的吸附过程。因为吸附过程是一个气体凝聚的过程，气体分子由分散态到凝聚态，降低了吸附质分子的自由度，因而表示系统紊乱程度的熵减少。同时，吸附也意味着气体在固体表面凝聚，降低了固体表面的自由焓。吸附过程是放热过程，由于气体形成水合物条件上的差异，不同水合物的吸附热也各不相同。表4-5 为对水合物的不同组分分别进行研究得出的各组成气体的吸附热(John,1992)。

表 4-5　不同分子的吸附热

客体分子	结构	吸附热/(kJ/mol)
硫化氢	I	−30.5
甲烷	I	−23.5
乙烷	I	−33
异丁烷	II	−37.2
丙烷	II	−40.5

3. 天然气水合物的分解热

天然气水合物的分解是吸热反应，吸热量的确定关系到如何开采和利用天然气水合物。但由于天然气水合物形成压力高、形成天然气水合物的纯度不易确定等使天然气水合物分解热不易直接测量。天然气体水合物的分解热可以用实验方法测定，也可以用热力学公式计算出来。

水合物的分解热因气体水合物的成分和结构而异，还随分解温度而改变。Handa(1986)等用量热法对水合物的分解热进行了测量，并给出了几种常见气体水合物的分解热(表 4-6)。从表中可以看出，在一定的温度范围内水合物分解热是个常数，甲烷水合物分解热与 285K 时的理论值误差为 8.9%。随后，Ruefft 和 Sloan(1985)也用量热法对甲烷水合物的分解热进行了测量，发现甲烷水合物在温度为 285K 的条件下的平均分解热为 55.48kJ/mol，与理论值的误差仅为 0.35%。虽然 Rueff 和 Sloan 的测量温度范围与 Handa 等的区别很大，但其误差仅为 0.35%，这就表明天然气水合物分解热与温度的关系不大，而主要与形成天然气水合物的气体的类型有关。

表 4-6　Handa 对于天然气水合物的分解热测量结果

气体种类	T/K	分解热/(kJ/mol)	
		H ⇌ I+G	H ⇌ L+G
甲烷	160～210	18.13±0.27	54.19±0.28
乙烷	190～250	25.70±0.37	71.80±0.38
丙烷	210～260	27.00±0.33	129.2±0.4
$(CH_3)_3CH$	230～260	31.07±0.20	133.2±0.3

注：H 为天然气水合物；I 为冰；G 为气体；L 为液体。

4. 天然气水合物的热导率

热导率是天然气水合物的重要热物理学参数，它不仅控制着天然气水合物晶体生长的速度和天然气水合物的形成分解机制，而且对其在天然气及天然气水合物运输和储存工业中起着重要作用。

天然气水合物的热导率可通过稳态法和非稳态法的技术方法来测定。一些学者研究和测定了某些水合物的热导率，并指出冰的热导率是天然气水合物的 4.5 倍，这是由天然气水合物的晶体构造决定的。在天然气水合物的晶格中，水分子被禁锢在多面体晶腔的构架上，这限制了分子的自由移动和旋转，它们只能作有限的"和谐"振动。Tse(1994)还指出，气体水合物晶格中气体(客体)分子和水(主体)分子之间的耦合对气体水合物的热力学和力学性质影响不大，但对天然气水合物的热传导却有显著影响，大大降低了天然气水合物晶体的热导率。气体水合物的热导率还是温度的函数。表 4-7 列出了一些气体水合物的热导率数值。

表 4-7　一些气体水合物的热导率

气体水合物	热导率/[W/(m·K)](测定温度)	来源
甲烷水合物	0.49(273K)	Sloan(1998)
Ⅰ 型天然气水合物	0.49(273K)	Dvorkin 等(2000)
Ⅱ 型天然气水合物	0.51(273K)	Dvorkin 等(2000)
丙烷水合物	0.26(273K)	Sloan(1998)
冰	2.23(273K)	Sloan(1998), Dvorkin 等(2000)

天然气水合物的热学性质是研究天然气水合物的基础，是开采和利用天然气水合物的重要数据。不难发现，现有研究多局限于单组分气体水合物，如甲烷水合物、乙烷水合物、丙烷水合物等。对于混合气体的水合物来讲，其热物理性质应当是这些组成气体的综合结果。在对单组分气体水合物研究的基础上，如何在已知天然气水合物的气体组成情况下，建立分析不同组分天然气水合物的热物理性质的理论是一个值得探讨的问题。而且，地层中的天然气水合物都是在储层孔隙空间内，因此在耦合了储层岩石、流体物性之后，天然气水合物的性质就更加难以量化。

4.2　地　质　特　征

4.2.1　赋存方式

自然界中，天然气水合物主要以块状、层状、透镜状、结核状、脉状、浸染状等多种形态赋存于海底沉积物或陆上冻土区岩石的裂隙和孔隙中(图 4-2)。

在我国南海神狐海域，天然气水合物主要充填于沉积层孔隙中，储层岩性主要以泥质粉砂为主，具有低孔、低渗特征，天然气水合物呈浸染状分布，饱和度为 20%～48%。在我国青海祁连山冻土区，天然气水合物主要充填于岩石裂隙和孔隙中，储层岩性主要以粉砂岩、油页岩、泥岩和细砂岩为主，具有超低孔、超低渗特征，饱和度为2.04%～8.16%。

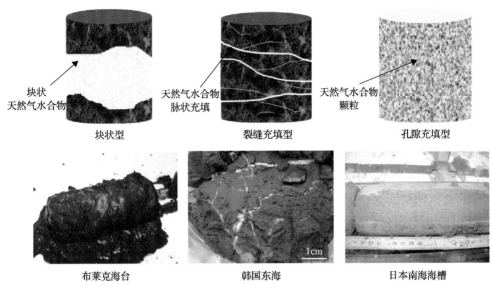

图 4-2　天然气水合物赋存方式

4.2.2　储层类型

在稳定带内，只要有充足的气体和水，天然气水合物可以形成于任何可能的储层结构中。从目前原地获取的样品来看，天然气水合物主要存在于粗砂质的孔隙中、细砂质的沉积层中、黏土质裂缝中及非渗透性黏土中。而有利的储层主要为粗颗粒度沉积物或者大的裂缝体系中。根据储层类型，科学家将天然气水合物资源分为 5 种类型，并用资源金字塔模型表示(图 4-3)，从上到下为北极冻土区砂岩储层、海洋砂岩储层、有渗透性的海洋非砂岩储层(含裂缝型储层)、与渗漏相关的块状水合物储层(含出露海底的水合物储层)、无渗透性的海洋泥岩储层。

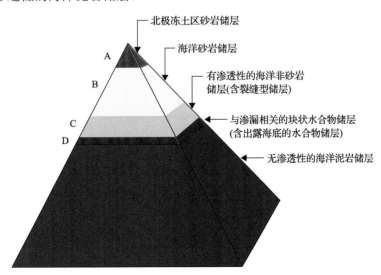

图 4-3　天然气水合物储层类型与资源金字塔

砂质储层位于金字塔塔尖，主要为分布在北极富砂储层的高浓度天然气水合物资源及分布在海洋环境砂岩储层的中—高浓度天然气水合物资源。由于能提供天然气水合物高浓度聚集所需的储集渗透性，该类型天然气水合物资源最可能实现远景勘探和商业利用(Boswell, 2007)；接下来是分布在断裂系统中黏土质裂缝型储层及有渗漏性的非砂层海洋储层，也是除砂质储层外最有希望被开采的两类天然气水合物储层类型；最后是位于金字塔底部的弥散沉积于非渗透性黏土中的低浓度储层，分布在细粒的海洋泥岩储层中，分布最广，拥有巨大的资源潜力，大多数的天然气水合物资源属于这一类型，其开采难度最大。

4.2.3 成因类型

根据组成天然气水合物的气体成因类型及其来源，可将天然气水合物分为生物气型、热解气型和混合气型。在分析确定形成天然气水合物成藏的气体来源时，一般常常以甲烷 $\delta^{13}C_1 \geqslant -48‰$ 判识为热成因气，以甲烷 $\delta^{13}C_1 \leqslant -60‰$ 确定为微生物成因气，介于二者之间则为混合成因气。其相应的干燥系数分别为 $C_1/(C_2+C_3)<100$ 为热解成因气，而 $C_1/(C_2+C_3)>1000$，则属于微生物成因气，介于两者之间为混合成因气。

全球 244 个天然气水合物样品的烃类气体组分及其碳同位素分析数据显示，绝大多数海底天然气水合物以生物气型为主，混合气型次之，热解气型较少，而陆上天然气水合物以混合气型、热解气型为主，生物气型较少。我国南海神狐海域天然气水合物的甲烷气体主要为微生物成因气或混合成因气(图 4-4)，而祁连山冻土区天然气水合物的甲烷气体则以热成因气和混合成因气为主。

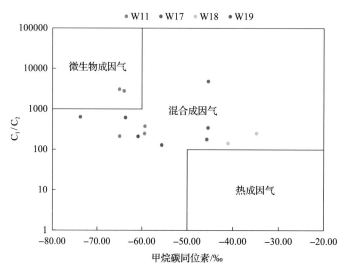

图 4-4 南海神狐海域天然气水合物的气体成因类型

4.2.4 成藏模式

天然气水合物成藏受天然气气源、构造、沉积作用条件所控制，地层中有机质经热演化产生天然气并运移至天然气水合物稳定带聚集成藏，或在天然气水合物稳定带内有机质于原位聚集生成天然气水合物矿藏。

依据气体来源、运移方式和储层环境提出扩散型、渗漏型等多种成矿模式。扩散型天然气水合物分布广泛，天然气水合物层下常有游离气层，在地震剖面上发育有强似海底反射波(BSR)。渗漏型天然气水合物分布于气体渗漏系统中，深部气体在向海底渗漏过程中，部分气体在天然气水合物稳定带中形成天然气水合物，该类天然气水合物饱和度高、埋藏浅，常与断层、气烟囱、泥火山等大型垂向运移通道有关(图 4-5)。

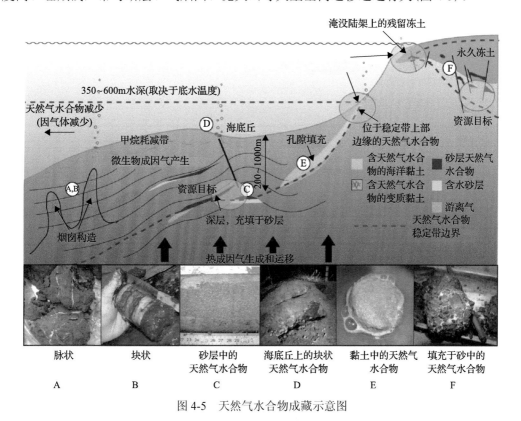

图 4-5 天然气水合物成藏示意图

大量的烃类气体的持续供应(微生物成因或有机质热成因气)是控制天然气水合物形成和分布的重要因素。目前学者们提出海底沉积物中天然气水合物聚集的 3 种可能模式：①稳定带内原地生物作用产出的甲烷直接形成天然气水合物；②天然气水合物由游离态甲烷(可以是微生物成因、热成因或混合成因)形成，既可以是迁移过来的游离气进入稳定带形成天然气水合物，也可以是稳定带底部的天然气水合物由于沉降作用而分解形成的游离气再形成天然气水合物；③天然气水合物由溶解于孔隙流体中的甲烷(可以是生物成因、热成因或混合成因)向上迁移在稳定带中因溶解度降低沉淀出天然气水合物。

4.2.5 分布区域

自然界中的天然气水合物广泛分布在大陆永久冻土区、岛屿斜坡地带、活动和被动大陆边缘、极地大陆架、海洋和一些内陆湖的深水环境，主要以块状、层状、透镜状、结核状、脉状和浸染状等多种形态赋存于海底沉积物或陆上冻土区岩石的裂隙和孔隙中，储层岩性主要为泥质、粉砂质黏土、细粒砂质、砂质或粗砂质岩。由于天然气水合物形成和稳定存在需要满足一定的低温（<10℃）和高压（>10MPa）条件，理论上认为海底天然气水合物主要分布于水深大于 300m、海底以下 1500m 的浅海域。从已取得实物样品数据可以看出，海域天然气水合物在水深 500～5500m 都有分布，多数分布于水深 800～2100m 的环太平洋周边、大西洋两岸、印度洋北部、南极近海及北冰洋周边，在地中海、黑海、里海等内陆海及贝加尔湖等湖底也有零星分布（表 4-8～表 4-11）。世界上发现的天然气水合物矿点约有 97%分布于海洋中，仅 3%分布在陆地冻土带。至今，全球已直接或间接发现天然气水合物的矿点 230 余处，比较典型的有 108 处，其中我国已存在 5处（表 4-8～表 4-11）。

表 4-8 天然气水合物在太平洋的分布

序号	产地代号	地理位置	经纬度	水深/m	埋深/m	判定依据	参考文献
1	P1	巴拿马	8°～9°N 78°30′W			BSR	Shipley 等 (1979)
2	P2	中美海槽 哥斯达黎加 DSDP84 站位 565	09°43.7′N 86°05.4′W	3099	285～319	钻孔取样	Kvenvolden 和 McDonald (1985)
3	P2*	ODP170 站位 1041	09°44.0′N 86°06.9′W	3306	19～259	钻孔取样	Kopf 等 (2000)
4	P2**	中美海槽 陆坡及隆起				BSR	Shipley 等 (1979)
5	P3	中美海槽 尼加拉瓜	12°N 87°30′W			BSR	Shipley 等 (1979)
6	P3*	中美海槽 ODP170 站位 1041	09°44.0′N 86°06.9′W	3306	119～259	BSR	Shipley 等 (1979)
7	P4	中美海槽危地马拉				BSR	Shipley 等 (1979)
8	P4*	中美海槽 DSDP67 站位 497	12°59′2N 90°49′7W	2347	38	钻孔取样	Harrison 和 Curiale (1982)
		DSDP67 站位 498	12°42.7′N 90°54.9′W	5478	307		
9	P4**	中美海槽 DSDP84 站位 568	13°04.3′N 90°48.0′W	2010	404	钻孔取样	Kvenvolden 和 McDonald (1985)
		DSDP84 站位 570	13°17.1′N 91°23.6′W	1698	192～338	钻孔取样	
10	P5	中美海槽墨西哥 DSDP66 站位 490	16°09.6′N 99°03.4′W	1761	140～364	BSR 钻孔取样	Shipley 等 (1979) Shipley 和 Didyk (1982)
		DSDP66 站位 491	16°01.7′N 98°58.3′W	2883	89～168	钻孔取样	Kvenvolden 和 McDonald (1985)
		DSDP66 站位 492	16°04.7′N 98°56.7′W	1935	141～170	钻孔取样	Kvenvolden 和 McDonald (1985)
11	P6	墨西哥 圭亚那盆地	27°30′～27°40′N 111°30′～111°40′W			BSR	Kvenvolden 等 (1993)

续表

序号	产地代号	地理位置	经纬度	水深/m	埋深/m	判定依据	参考文献
12	P7	美国加利福尼亚州伊尔河盆地	40°50′N 124°35′W	512	0~0.3	BSR 钻孔取样	Brooks 等(1991)
				518	<1.5		
				567	0~0.2		
				623	1.5~2.0		
				642	0~1.8		
				559	2.2~2.8		
13	P7*	美国圣莫尼卡盆地				钻孔取样	Normark 等(2003)
14	P8	美国俄勒冈州喀斯喀特	45°N 125°W			BSR	Kvenvolden 等(1993)
15	P8*	DSDP146 站位 892	44°40.4′N 125°07.1′W	670	2~20	钻孔取样	Kvenvolden(1995)
16	P8**	天然气水合物脊	44°40.1′N 125°05.8′W	600	~0	钻孔取样	Kvenvolden 和 Lorenson(2001)
17	P9	加拿大温哥华岛	48°~49′N 124°~128°W			BSR	Kvenvolden 等(1993)
18	P9*	加拿大温哥华岛俯冲带	48°09′~48°42.4′N 126°13.5′~127°6.2′W			钻孔取样	Pohlman 等(2005)
19	P10	不列颠哥伦比亚(奈特)入口	48°~52°N 122°~128°W		48~52	坍塌	Kvenvolden 等(1993)
20	P11	美国阿拉斯加近海东阿留申海沟				BSR	Kvenvolden 和 McDonald(1985)
21	P12	阿拉斯加近海中阿拉斯加海沟	51°N 172°W			BSR	Kvenvolden 和 McDonald(1985)
22	P13	白令海盆地	50°~58°N 164°~180°W		50~58	VAMPs	Kvenvolden 和 McDonald(1985)
23	P14	白令海陆架	59°~62°N 177°~179°W		177~179 59~62	BSR	Kvenvolden 和 McDonald(1985)
24	P15	白令海纳瓦林角陆缘	58°30′~61°30′N 179°~175°W			BSR	Carlson 等(1985)
25	P16	白令海希尔绍夫海岭				BSR	Kvenvolden 等(1993)
26	P17	鄂霍次克海幌筵岛	50°30.5′N 155°18.2′E	768	1.8	钻孔取样	Kvenvolden 等(1993)
27	P18	鄂霍次克海萨哈林陆坡	54°26.8′N 144°04.9′E	710	0.3~1.2	钻孔取样	Ginsburg 等(1993)
28	P19	日本近海	44°~44°30′N 143°30′E			BSR	Kvenvolden(1995)
29	P20	日本海 ODP 127 站位 796	42°53.6′N 139°24.7′E	2571	90	钻孔取样	Kvenvolden(1995)

序号	产地代号	地理位置	经纬度	水深/m	埋深/m	判定依据	参考文献
30	P20*	日本海沟 DSDP57				Cl⁻	Kvenvolden 等(1993)
31	P20**	日本南北海道海岭				BSR	Kvenvolden(1995)
32	P21	日本津轻盆地	42°N 141°～142°E			BSR	宋海斌和松林修 (2001)
33	P22	鞑靼海沟				BSR	宋海斌和松林修 (2001)
34	P23	日本南海海槽	34°N 138°E			BSR	宋海斌和松林修 (2001)
35	P24	日本南海海槽 ODP131 站位 808	34°30′ 137°E	4684	90～140	BSR 钻孔取样	Kvenvolden(1995)
36	P25	日本室户海沟	32°～33°N 134°E			BSR	宋海斌和松林修 (2001)
37	P26	日本 南海海槽				BSR CH₄	Okuda(1993)
38	P27	日本千叶盆地				BSR	Arato 和 Takamo(1995)
39	P28	日本千岛海沟				BSR	宋海斌和松林修 (2001)
40	P29	新西兰 北岛陆坡	39°～42°20′S 174°20′～179°E			BSR	Katz(1981)
41	P29*	塔斯马尼亚 塔斯曼隆起				BSR	Kvenvolden 和 Lorenson(2001)
42	P30	秘鲁-智利海沟	45°54.8′～46°S 75°50.3′～ 75°56.7′W	842～ 3656		BSR	Kvenvolden 和 Kastner(1990)
43	P30*	智利三角洲				CH4	Froelich(1995)
44	P31	秘鲁陆缘 ODP112 站位 685	09°～06°8′S 80°35.0′W	5070	99～166	钻孔取样	Kvenvolden 和 Kastner(1990)
45	P31*	秘鲁近海 ODP112 站位 688	11°32.3′S 78°56.6′W	3820	141	BSR	Kvenvolden 等(1993)
46	P31**	巴拿马- 危地马拉近海	4°～16°S 75°～80°W		4～16	BSR	Kvenvolden 和 Lorenson(2001)
47	P32	台湾碰撞带				BSR	Kvenvolden 和 Lorenson(2001)
48	P33	塔斯曼海 豪勋爵海隆	25°S 160°E			BSR	Kvenvolden 和 Lorenson(2001)
49	P34	帝汶海槽	14°S，125°E			CH₄	Kvenvolden 和 Lorenson(2001)
50	P35	印度尼西亚 西里伯斯海	4°N 132°E			BSR BSR	Neben 等(1998)

表 4-9　天然气水合物在大西洋和印度洋的分布

序号	产地代号	地理位置	经纬度	水深/m	埋深/m	判定依据	参考文献
			大西洋				
51	A1	中阿根廷盆地	32°S, 48°W			BSR	Manley 和 Flood (1989)
52	A2	巴西亚马孙扇	2°N, 47°W			BSR	Manley 和 Flood (1989)
53	A3	佩洛塔斯盆地	42°S, 46W			BSR	Fontana 和 Mussumeli (1994)
54	A4	巴巴多斯海脊	12°N, 59°W			BSR	Ladd 等 (1982)
55	A5	中美洲加勒比海南陆缘	16°N,68°W			BSR	Ladd 等 (1984)
56	A6	墨西哥湾得克萨斯 DSDP96 站位 618	26°56′N 91°19′W	2412	20	钻孔取样	Kvenvolden (1995)
57	A6*	格林峡谷	27°43′N 90°00′W	850	1.4～4.2	活塞或重力取样	Brooks 等 (1986)
				590	<2.8		
				880	4.2～4.5		
				800	3.2～3.6		
		墨西哥湾花园礁 (Garden Banks)	27°36′N 92°11′W	850	2.5～3.8		
		密西西比峡谷	28°03′N 88°59′W	1300	3.8		
58	A6**	布什山	27°47.5′N 91°15.0′W	540	0	BSR	Ladd 等 (1982)
59	A7	墨西哥近海	27°47′N 91°30′W			BSR	Shipley 等 (1979)
60	A8	美国北部近海				钻孔取样	Brooks 等 (1986)
61	A9	美国东南近海布莱克海台 DSDP76 站位 533	31°15.6′N 74°54.2′W	3191	238	钻孔取样	Brooks 等 (1986)
62	A9*	ODP164 站位 994	31°47.1′N 75°32.8′W	2799	260	BSR	Holbrook 等 (1996)
63	A9**	ODP164 站位 996	32°29.6′N 76°11.5′W	2170	0～66	钻孔取样	Paull 等 (1995)
		ODP164 站位 997	31°50.6′N 75°18.1′W	2770	331		
64	A10	美国东卡罗来纳海槽				BSR	Dillon (1983)
65	A11	美国东大陆隆起				BSR	Kvenvolden (1995)
66	A12	加拿大纽芬兰	50°N 55°W			BSR	Taylor (1979)
67	A13	挪威斯托雷加滑坡				Cl⁻ BSR 坍塌	Mienert 等 (1998)

序号	产地代号	地理位置	经纬度	水深/m	埋深/m	判定依据	参考文献
68	A13[*]	ODP104 站位 644	64°N 8°W			CH$_4$	Kvenvolden 等(1989)
69	A14	挪威巴伦支海	72°24'N 26°E			BSR	Andreassen 和 Hansen(1995)
70	A15	斯瓦尔巴 (Svalbard)近海	78°～80°N 4°～10°E			BSR	Posewang 和 Mienert(1999)
71	A16	哈康莫斯 比(Haakon Mosby) 泥火山	68°N 14°43.5'E	1255	0～3	钻孔取样	Ginsburg 等(1999)
72	A17	爱尔兰波丘派恩 (Porcupine)盆地	52°10'～52°25'N 12°40'～13°05'W			地震	Kvenvolden 和 Lorenson(2001)
73	A17[*]	西班牙加的斯 (Cádiz)湾				钻孔取样	Mazurenko 等(2002)
74	A18	西南非洲南非陆缘	22°30'～23°S 11°35'～12°20'E			坍塌 BSR	Ben-Avraham 等 (2002)
75	A19	尼日利亚 陆坡	03°40'S 06°00'W	564～770	0～4.6	钻孔取样	Brooks 等(1986)
76	A19[*]	刚果 刚果-安哥拉盆地				钻孔取样	Charlou 等(2004)
			印度洋				
77	I1	阿曼湾	25°N, 58°E			BSR	Kvenvolden 等(1993)
	I2	印度阿拉伯海	24°50'N, 60°01'E	1000	0.2	BSR	Kvenvolden 和 Lorenson(2001)
	I2[*]		24°12'N, 62°44'E	3000	0.5	重力取样	Bohrmann 等(2007)
78	I2[**]	阿拉伯海大陆坡				BSR	Rao(2001)
	I2[***]	Konkan 盆地	14°25'N 70°30'E			BSR 钻孔	
79	I3	孟加拉湾 Krishna-Godavari (K-G)盆地	15°09'N 82°～83°E			BSR 钻孔取样	Kvenvolden 和 Lorenson(2001)
	I3[*]	安达曼	11°50'N 90°30'E				
	I3[**]	默哈讷迪盆地	19°N, 86°E				

表 4-10 天然气水合物在大陆、内陆湖、海和南北极的分布

序号		产地代号	地理位置	经纬度	水深/m	埋深/m	判定依据	参考文献
80		C1	美国阿拉斯加				测井 PCS	Collett(1993)
81		C2	加拿大 马更些三角洲	69°27.6'N, 134°39.6'W			测井 取样	Dallimore(1999)
82	大陆	C3	北极岛	72°30'N～111°W			测井 取样	Judge(1982)
83		C4	西西伯利 梅索亚哈	68°40'N 83°E			CH$_4$ 开采	Makogon 等 (1972)
84		C5	西西伯利亚吉曼- 伯绍拉(Timan- Pechora-Province)	67°N 50°～55°E			解析	Cherskiy 等(1984)

续表

序号	产地代号	地理位置	经纬度	水深/m	埋深/m	判定依据	参考文献
85	C6	西西伯利亚陆台	64°N 72°E			解析	Cherskiy 等（1984）
86	C7	东西伯利亚克拉通	71°N 110～120°E			解析	Cherskiy（1984）
87	C8	北西伯利亚				解析	Cherskiy（1984）
88	C9	中国青海木里	68°20′N 91°06′E			钻孔取样	祝有海等（2009）
89	O1	俄罗斯黑海	45°N 35°E	2052	0.7～2.2	取样	Ginsburg 等（1990）
	O1*					BSR	Zillmer 等（2005）
90	O2	俄罗斯里海	39°N 50°24′E	475～600	0～1.2	取样 BSR	Ginsburg 等（1992），Diaconescu 和 Knapp（2009）
91	O3	俄罗斯贝加尔湖	51°48′N 105°29′E	1433	124～161	BSR 取样	Dillon 等（1991）
92	O4	地中海 ODP160	34°N 24°E			Cl⁻, CH₄	Lange 和 Brumsack（1998）
93	O5	土耳其库拉（Kula）泥火山	35°40′N 30°28′E	1700	湖底	取样 BSR	Woodside 等（1998）
94	N1	阿拉斯加波弗特海	72°N 150°W			BSR	Kvenvolden 和 Kastner（1990）
95	N2	加拿大波弗特海	68°N 134°W			测井	Mclver（1981）
96	N3	加拿大斯韦德鲁普盆地	78°N 108°W			测井	Judge（1982）
97	S1	南极威尔克斯陆缘	64°S，129°E	1600～3000	540	BSR	Kvenvolden（1987）
98	S2	罗斯海	79°S，175°W	550～650		CH₄	Mclver（1981）
99	S3	威德尔海	63°S，44°W	1305	560	BSR	Kvenvolden 等（1993）
100	S4	南设得兰陆缘	61°S，58°W	1950～2400	490	BSR	Lodolo 等（1993）
101	S5	南设得兰陆缘	61°S，57°W	2000～2500	400～550	BSR	Lodolo 等（1993）

表 4-11　天然气水合物在我国陆地、海洋分布

序号	产地代号	地理位置	经纬度	水深/m	埋深/m	判定依据	参考文献
102	DK	青海祁连山冻土带	38°05.6′N 99°35.6′E		130～400	钻孔取样	卢振权等（2010）
103	DSC	东沙海域		830～1750	80～280	钻孔取样	张光学等（2003）
104	SHSC	神狐海域	19°55.71′N 115°20′E	800～1400	90～240	钻孔取样	陆敬安等（2010）
105	QDNSC	琼东南海域		1220～1450	表层/120～260	钻孔取样	梁金强等（2016）

另外，热流条件跟天然气水合物稳定带(天然气水合物埋深)息息相关。根据国际热流委员会(IHFC)数据库中提供的 2200 多个热流数据推算天然气水合物稳定带底界，证实热流对天然气水合物埋深具有明显控制作用，并与大陆边缘类型有一定相关性，主要表现在：①在主动大陆边缘热流值相对较高，天然气水合物埋深较浅，例如环太平洋海域，通常在 170～300m。南海是太平洋最西部的边缘海，处于太平洋、印度洋和欧亚大陆三大板块的聚合地带，使南海呈现高热流状态，天然气水合物埋深较浅，理论最深值不超过 600m，大部分介于 150～350m。②在被动大陆边缘热流值相对较低，天然气水合物埋深较深，例如大西洋以及南大洋海域，理论最深值可达 950m 左右，大部分介于 150～460m。经与实际取样、钻探结果对比，结合热流数据计算，可大致推断天然气水合物稳定带下限，也就是天然气水合物埋深。经钻探取样证实，目前天然气水合物赋存水深最深的是 1982 年在中美海槽 DSDP67 航次 498 站位，水深 5478m、埋深 310m。2009 年，墨西哥湾天然气水合物联合工业项目(JIP)第 2 航次在 WR313 站位，海底之下 810～900m 处发现天然气水合物(图 4-6)。

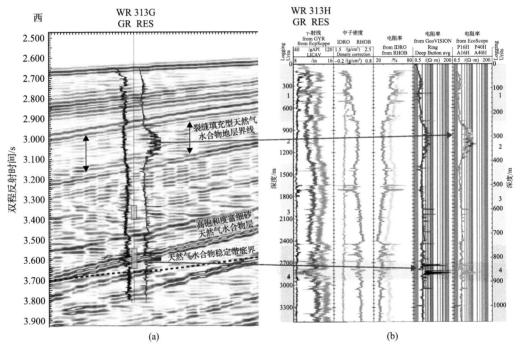

图 4-6 墨西哥湾 WR313 站位地震剖面(a)及测井曲线(b)

1～4 为层位编号

4.3 成 藏 认 识

4.3.1 形成条件

天然气水合物形成除了需要充足的烃类气体和水等基本物质条件外，还要有适合天然气水合物形成的温-压稳定条件、有效的流体输导通道及适宜的储集空间。在地壳范围的自然界中，满足天然气水合物形成条件的区域主要在海域水深 300~3000m，海底以下 0~1000m 的沉积物中及陆域永久冻土区。

1. 海底天然气水合物形成与聚集的宏观过程

天然气水合物富集成藏是宏观地球动力学演化与微观物质-能量演化的统一。天然气水合物成藏包含海底沉积物中甲烷气产出动力学、流体(水、气)运移动力学、天然气水合物成核生长动力学等过程。这些过程涉及有机质转变为甲烷(生物活动范围之内转化为微生物成因甲烷、在较深地层中有机质成熟度较高时形成热解气)、溶解甲烷转变为游离态甲烷(稳定带之下)或天然气水合物(稳定带内)、天然气水合物分解的甲烷向海水中扩散(天然气水合物稳定带之上)而被部分或全部氧化(硫酸盐还原带)等涉及甲烷的反应。海底条件下甲烷可能的三种存在形式：溶解态、游离态、天然气水合物态，甲烷究竟以哪种形式存在，取决于体系的温度压力与孔隙流体的物质组成。海底自上而下出现垂向的地球化学分带：海水→硫酸盐还原带/上溶解气带→天然气水合物稳定带→游离气带/下溶解气带，这些分带的界面和厚度由沉积物中甲烷的浓度(甲烷通量)、流体流速、地温梯度控制，甲烷通量是控制和维持天然气水合物稳定带厚度的关键因素(Ruppel and Kessler，2017)。

2. 海底天然气水合物形成与保存的物理化学条件

天然气水合物实际赋存部位受稳定带和甲烷含量这两个成藏要素的控制(图 4-7)。"稳定带+孔隙流体中甲烷饱和"是天然气水合物存在的充分必要条件：①天然气水合物稳定带的存在。水-气-天然气水合物这一体系的平衡态组成取决于该体系的温度、压力、初始状态时的气相、液相的物质组成，气体的组成、孔隙流体的盐度、孔隙半径的大小对天然气水合物稳定的温压条件都有不同程度的影响。②孔隙流体中甲烷量达到和维持饱和浓度。几乎所有的海底都有适合于天然气水合物形成的温度和压力，因而通常用稳定带来圈定天然气水合物资源的分布范围显得过大，实际上形成天然气水合物需要另一个重要的条件——溶解甲烷的浓度必须饱和，天然气水合物才能够形成和存在。当流体中甲烷含量超过这一浓度时，甲烷便会发生水合从而形成天然气水合物；当流体中甲烷含量小于这一浓度时，天然气水合物便会向水中溶解以增加溶解甲烷量。天然气水合物存在时，水中甲烷的饱和浓度是维持天然气水合物存在所需的甲烷含量，ODP 常用孔隙水的甲烷含量来判断沉积物中是否存在天然气水合物。

天然气水合物主要分布在水深 1000~3500m 下方，在秘鲁智利海槽和中美海槽分别在水深 4000m 和 5000m 的深度钻获了天然气水合物样品。从所获天然气水合物的所处的温压条件来看，有很大一部分的实际样品的温压范围处在海水中天然气水合物相边界的附近，如 ODP204 航次在卡斯卡迪亚边缘钻获的几个样品。也有部分的样品距离相边界较远，如秘鲁智利海槽中获得的样品(图 4-8)。

水深和地温梯度控制了天然气水合物稳定带的厚度。在特定地温梯度下，水深和天然气水合物稳定带厚度之间的关系如图 4-9 所示。根据 DSDP/ODP/IODP 相关站位的数

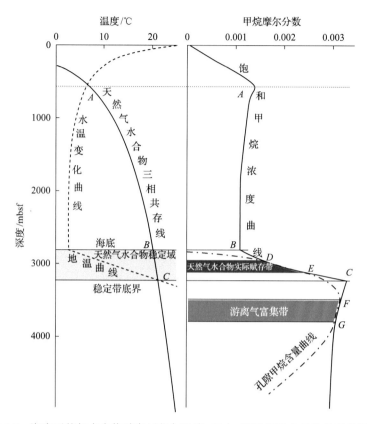

图 4-7　海底天然气水合物赋存层位与温度-压力-溶解甲烷含量条件理论图解

A 为水温线与天然气水合物三相平衡线的交点；B 为海底；C 为稳定带底界；D、E 为稳定带中孔隙流体溶解甲烷浓度与饱和浓度曲线的上下交点，实际上也是天然气水合物实际赋存层位的顶、底；F、G 为稳定带之下孔隙流体溶解甲烷浓度与饱和浓度曲线的上下交点，实际上也是游离气赋存层位的顶、底

据，含有天然气水合物的站位的地温梯度集中在 25～50℃/km，稳定带的厚度集中在 500～900m。含有天然气水合物层最厚的两个站位为 DSDP 490 和 570，天然气水合物稳定带厚度均超过 500m。压力、温度之间非线性的关系(指数型)表明在水深小于 2000m 的环境中也可以有较厚的天然气水合物稳定带。同时，天然气水合物稳定带较薄的地区，含有天然气水合物的层位不一定很薄。比如，日本海和卡斯卡迪亚地区，这两个区域的天然气水合物稳定带相对较薄，但是含天然气水合物层较厚。

3. 海底天然气水合物形成的烃类气体类型

天然气水合物是由 CH_4、C_2H_6、C_3H_8、C_4H_{10}、CO_2、H_2S 等小分子气体和水在低温高压下生成的一种非化学计量型笼形化合物，形成海底天然气水合物的烃类气体通常以甲烷为主。稳定碳同位素指示着海洋天然气水合物主要源于微生物成因气，少数海域发现的天然气水合物中的天然气源于热解气。微生物成因甲烷主要由二氧化碳还原(CO_2＋$4H_2 \longrightarrow CH_4$＋$2H_2O$)及醋酸根发酵($CH_3COOH$＋$4H_2 \longrightarrow CH_4$＋$CO_2$)作用形成(Paull et al., 2000)。CO_2 还原作用产生的甲烷量依赖于溶解 H_2 的供应量，醋酸根发酵产生的甲

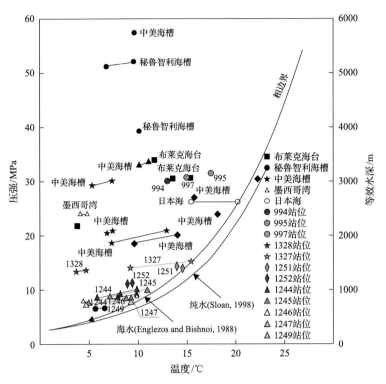

图 4-8 海底实际钻获天然气水合物与天然气水合物相边界关系(据 Bai et al., 1998 修改)

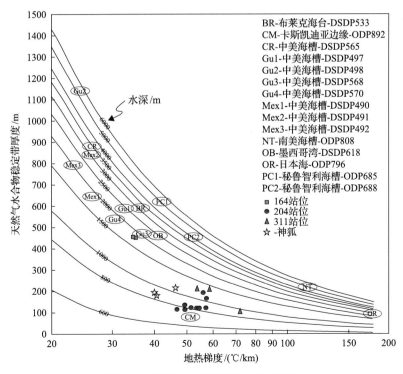

图 4-9 天然气水合物样品热力学背景

烷量则受到醋酸根的量的限制，而这些最终均取决于沉积物有机质的含量。在微生物作用生成甲烷的过程中，会出现较大的 C 同位素分馏（一般为 60‰～70‰）。热成因甲烷则是由干酪根在温度超过 120℃时经热降解作用形成，在此过程中，C 同位素较少出现分馏，因此，其 C 同位素组成与沉积物有机质 C 同位素组成比较接近。Kvenvolden（1995）统计了世界各地的天然气水合物样品，结果表明，不同成因的甲烷气具有完全不同的碳同位素组成。细菌还原成因的甲烷气的 $\delta^{13}C$ 值十分低，一般为–94‰～–57‰。而热分解成因的甲烷气的 $\delta^{13}C$ 值较高，一般为–57‰～–29‰。Matsumoto（2000）曾利用甲烷的 $\delta^{13}C$ 值和气体成分比值 $R[C_1/(C_2+C_3)]$ 来判别不同成因的天然气水合物（图 4-10）。热分解成因的甲烷气具有高的 $\delta^{13}C$ 值（>–50‰）和低的 R 值（<100），而细菌还原成因的甲烷气具有低的 $\delta^{13}C$ 值（<–60‰）和高的 R 值（>1000，达 10000 以上），介于两者之间表明为混合成因。

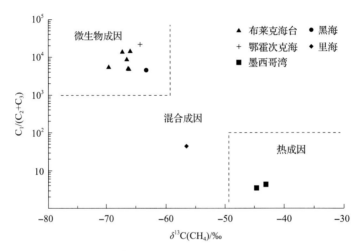

图 4-10　甲烷 C 同位素和烃类气体组成判别气体成因（据 Matsumoto，2000 修改）

微生物成因甲烷大多为 CO_2 还原，其 CO_2 通常由原地有机质氧化和分解形成，之后经微生物还原作用生成甲烷。因此，由微生物成因甲烷形成的天然气水合物中的气体大多来源于天然气水合物附近的局部沉积物。热成因甲烷是由干酪根在温度超过 120℃时经热降解作用形成，根据典型的地温梯度推算，其埋藏深度应该大于 1km，而天然气水合物在海底至海底以下 500m 左右存在。因此，由热成因甲烷形成的天然气水合物的气体均应来源于深部，后随断层、泥火山等有利构造向上经过长距离运移，到达海底或海底附近后形成天然气水合物，如里海与泥火山有关的天然气水合物。

4. 有效的气体运移通道

海底天然气水合物稳定带内的原地有机质通常不足以形成大规模的天然气水合物矿藏，天然气水合物的富集往往需要稳定带以下的地层持续不断的烃类物质的供应。地质因素控制着沉积物中流体的运移，制约着气体的输运和天然气水合物的形成。如果没有有效的运移通道，很难聚集大量的天然气水合物。地质参数，如沉积物的渗透性、断层和裂隙发育程度大等，控制着气体向潜在的能形成天然气水合物的地段输送。印度 2005

年在 NGHP-04-10 站位发现的 130m 厚的世界级富天然气水合物层完全受背斜核部的裂隙控制，天然气水合物呈颗粒状充填，或呈细粒分散于粗粒沉积物的孔隙中，或为黏土质沉积物的裂隙充填物，也充分说明有效流体输运通道对天然气水合物大量聚集成矿非常重要。

5. 适合天然气水合物储集的沉积空间

天然气水合物多富集于裂隙和相对较粗的沉积物中。例如，阿拉斯加和中美海槽沉积物中天然气水合物分布明显与沉积物岩性有关(Collett，1993)，在中美洲海槽 DSDP570 站位中发现天然气水合物的沉积物粒度要比没有发现天然气水合物的上、下地层沉积物的粒度大得多，砂、粉砂粒级沉积物含量明显增加。在日本的南海海槽、美国俄勒冈岸外的天然气水合物脊、印度东南孟加拉湾 K-G 盆地(NGHP-04-10 站位)，天然气水合物异常富集于较粗的浊流沉积物、水道沉积充填物中。北阿拉斯加测井曲线的研究(Collett，1988)表明天然气水合物主要充填在粗粒沉积物孔隙中。Clennell 等认为，天然气水合物是由于毛细管作用和渗透作用在沉积物颗粒间的空隙中形成的(Clennell et al.，1999；Handa and Stupin，1992)，粗粒沉积物由于其较大的孔隙空间有利于流体活动和气体富集，有利于大量天然气水合物的形成(Ginsburg et al.，2000)。

4.3.2　赋存环境

1. 构造环境

天然气水合物通常赋存于水深大于 300m 的海域，在主动大陆边缘和被动大陆边缘均有发现。从构造背景来看，天然气水合物主要分布在主动和被动大陆边缘的加积楔顶端、陆坡盆地、弧前盆地、滨外海底海山，乃至内陆海或湖区，尤其发育在主动陆缘俯冲带增生楔区和被动陆缘、陆隆台地断褶区的天然气水合物(张光学等，2006)。前者如南设得兰海沟、秘鲁海沟、中美洲海槽、俄勒冈滨外、日本南海海槽、中国台湾岛西南近海等。后者有著名的布莱克海台、墨西哥湾路易斯安那陆坡、加勒比海南部陆坡、亚马孙海底扇、阿根廷盆地、印度西部陆坡、尼日利亚滨外三角洲前缘等。这些地区天然气水合物的分布与海底扇、海底滑塌体、台地断褶区、断裂构造、底辟构造、泥火山、"麻坑"地貌等特殊地质构造环境密切相关，具有天然气水合物成矿的有利地质构造环境。

1)主动大陆边缘的增生楔

在主动大陆边缘中，增生楔是天然气水合物大规模发育的有利区域，由于板块的俯冲运动，随着俯冲带附近沉积物不断加厚，浅部富含陆源和海相有机碳的沉积物被迅速埋藏，并被输送到能生成热解烃的增生楔内部，为形成丰富天然气创造了有利的条件；另一方面由于构造的挤压作用，在俯冲带形成一系列叠瓦断层，同时，由于增生楔内部压力的释放，使深部气体不断沿断层向上运移，在浅部地层中聚集形成天然气水合物。目前全球许多地区已在增生楔中直接钻遇天然气水合物或在地震剖面中识别出 BSR。

增生楔可视为一种特殊的天然气水合物成矿环境。俯冲带有大量沉积物输入，物源充足，其中含陆源和洋源有机碳的海相沉积物被迅速埋藏，并被送到能生成热解烃的地带，且有机碎屑主要属陆源成因，利于生气；增生环境中构造变动活跃，以逆掩推覆构造样式为主，有利于气体长距离运移；热结构剖面呈梯度变化，提供烃气热灶环境。主动大陆边缘增生楔具备流体的起源、烃气运移和捕集的有利环境，这些都是该地区天然气水合物形成的有利因素(图 4-11)。

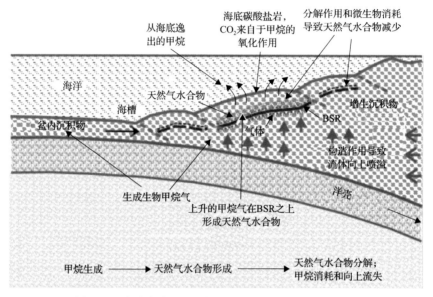

图 4-11　主动大陆缘增生楔天然气水合物成矿地质模式

2) 被动大陆边缘的陆坡和海盆

被动大陆边缘具有宽阔的陆架、较缓的陆坡和平坦的陆裙等地貌单元，在这类大陆边缘的陆坡、岛屿、海山、内陆海、边缘海盆地和海底扩张盆地等是天然气水合物富集成藏的理想场所。断裂褶皱系、底辟构造、海底重力流、滑塌体等地质构造环境与天然气水合物的形成分布密切相关(张光学等，2006)，典型的海区有布莱克海台、北卡罗来纳洋脊、墨西哥湾、挪威西部巴伦支海、印度西部陆缘、非洲西部岸外等。被动大陆边缘内巨厚沉积层塑性物质流动、陆缘外侧火山活动及张裂作用，均可构成天然气水合物成矿的特殊环境。在布莱克海台、北卡罗来纳洋脊及里海等海域天然气水合物的形成和分布均与底辟作用关系甚密。

在布莱克海台，天然气水合物赋存在 182～420m 的范围中，天然气水合物稳定带之上存在一个 180 多米厚的硫酸盐还原带，天然气水合物层之下存在游离气层或溶解气层(图 4-12)。天然气水合物的产状明显受沉积物岩性、断层活动、流体和甲烷通量所控制(图 4-13)。

2. 沉积环境

海底天然气水合物产出地层主要为新生界，大洋钻探成果证实了这一点，钻获的天然气水合物样品的层位均为新生界(图 4-14)，且以上新统为主，少量围岩的岩石类型以

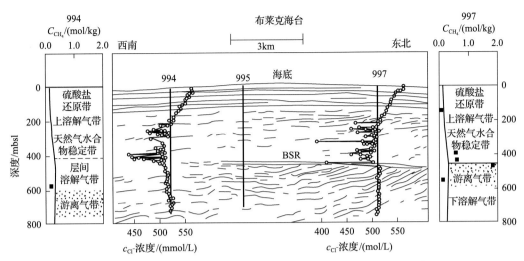

图 4-12　ODP164 航次布莱克海台钻孔位置及天然气水合物矿藏特征

994，995，997 为钻井编号

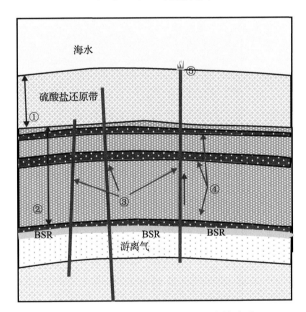

图 4-13　布莱克海台天然气水合物产状

①天然气水合物层之上存在甲烷的不饱和带，也是硫酸盐还原带；②BSR 与硫酸盐还原带之间的天然气水合物呈分散的浸染状；③断裂中充填的天然气水合物呈致密块状；④高渗带沉积物 15% 为天然气水合物胶结；⑤气体沿断裂运移至海底，部分在断裂和海底形成天然气水合物，部分为生物群落消耗

粉砂质泥岩和泥质粉砂岩为多，其次为砂岩、粉砂岩、砾岩和浊积岩，天然气水合物分布在围岩的孔隙和裂隙中，常形成层状、透镜状、块状、脉状及浸染状和砾状构造。层状倾向于分布在细粒沉积物中，胶结型则多分布在较粗的沉积物中，而颗粒状的天然气水合物在细粒沉积物中分布较多，同时也分布在其他粒级的沉积物中。Boswell（2007）总结出 4 种海洋天然气水合物的储集类型：①砂为主的储层；②黏土为主的裂隙型储层；③暴露于海底的大块天然气水合物层；④分散于渗透性很差的黏土中的低含量天然气水

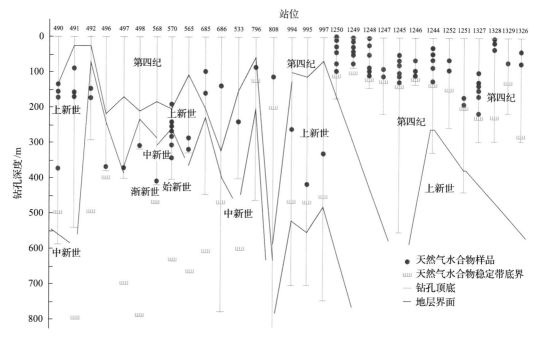

图 4-14 海底钻获天然气水合物赋存层位与沉积物年龄关系

合物。前两种是最值得开发利用的类型，自然界常发现这两种类型的组合，有利于天然气水合物产出的沉积条件如下。

(1)高沉积速率区有利于天然气水合物的聚集。

沉积速率是控制天然气水合物聚集的最主要因素，含天然气水合物的沉积物沉积速率一般都较快，一般超过 30m/Ma。东太平洋边缘的中美洲海槽区赋存天然气水合物的新生代沉积层的沉积速率高达 1055m/Ma；布莱克海台地区晚中新世至全新世沉积速率为 4.0～34.0cm/ka，哥斯达黎加地区上新世至全新世沉积速率为 5.5～9.3cm/ka。

(2)高有机碳含量有利于天然气水合物的形成聚集。

天然气水合物形成的关键是要有充足的甲烷供应，而丰富的有机碳(TOC)是甲烷生成的必要条件之一。世界主要天然气水合物分布区的表层沉积物有机碳含量一般较高(TOC≥1%)。有机碳含量低于 0.5% 则难以形成天然气水合物。

(3)有利于天然气水合物聚集的沉积相。

世界上发现的天然气水合物分布区来看，沉积速率较高、沉积厚度较大、砂泥比适中的三角洲、扇三角洲及浊积扇、斜坡扇和等深流等各种重力流沉积是天然气水合物发育较为有利的相带。

(4)粗粒沉积物有利于天然气水合物生成和聚集。

理论上认为粗粒沉积物有利于天然气水合物生成。世界海域已经发现的天然气水合物主要呈透镜状、结核状、颗粒状或片状分布于细粒级的沉积物中，含天然气水合物的沉积物岩性多为粉砂和黏土。ODP204 航次揭示，存在天然气水合物的沉积物粒度都较细，只有粉砂，没有砂粒级的沉积物。在黑海北部克里米亚大陆边缘 Sorokin 海槽泥火山发现的天然气水合物都存在于泥角砾岩中。

4.3.3　聚集类型

依据天然气水合物在海底的赋存特征及其与围岩的关系，本书将海底沉积物中天然气水合物的聚集情况分为成岩型聚集、构造型聚集和复合型聚集 3 种类型。

1. 成岩型聚集

成岩型天然气水合物的形成与分布主要受沉积因素控制，其成矿气体以生物成因气为主，既有原地细菌生成的，也有经过孔隙流体运移来的。在富碳沉积区，甲烷气主要在天然气水合物稳定带中生成，天然气水合物形成与沉积作用同时发生，天然气水合物可在垂向上的任何位置形成，并在相对渗透层中富集。当天然气水合物稳定带变厚和变深时，其底界最终沉入造成天然气水合物不稳定的温度区间，在此区间内可生成游离气，但如果有合适的运移通道，这些气体将会运移回到上覆天然气水合物稳定区。

沉积物早期成岩氧化还原反应存在明显的垂直分带性，其中甲烷的生成在这种反应中占有重要位置。甲烷生成从海底之下一定深度开始，这一深度就是孔隙水硫酸盐离子浓度降低的地方（与海水相比浓度约降低 80%），一般为海底下 0.2～200m，有时可深达600m，深度大小主要取决于沉降速率和沉积物中有机质的含量。三角洲、深水碎屑环境、浅海环境及部分非海相环境（特别是煤沼），都是有利于生物成因甲烷气的生成和聚集的沉积环境。

成岩型天然气水合物的生成实际上早于全新世，即主要形成于全新世以前的富含有机质的沉积层里，在硫酸盐还原带以下，并且天然气水合物大多呈分散状，丰度较低（一般小于 1%）。

成岩型天然气水合物成矿实例：布莱克海台、墨西哥湾的小型盆地、日本南海海槽。

2. 构造型聚集

构造型天然气水合物主要受构造因素控制，由热成因气、生物成因气或者混合气从较深部位沿断裂、泥火山或其他构造通道快速运移至天然气水合物稳定带而形成，天然气水合物主要分布在构造活动带周围，丰度较高。

1）断裂-褶皱构造

在被动陆缘的盆地边缘、海隆或海台脊部，在天然气水合物稳定带之下经常伴生有多条正断层，正是这些断层为深部气源向浅部运移提供了通道，而浅部的褶皱构造可适时圈闭住运移到浅部的气体，形成构造型天然气水合物及其 BSR。由于浅部沉积层扭曲变形及断裂作用，BSR 显示出轻微上隆并被断层错断复杂化，部分气体可通过断层再向上迁移进入水体形成"羽状流"，在海底形成"梅花坑"地貌，发育各种化能自养生物群落。

构造型天然气水合物矿藏通常以断裂系统控制的渗流模式形成，一般发生于断裂发育、流体活跃的断褶带，流体以垂向运移方式为主，成矿气体主要为中深层热解气。

在断褶带，以断裂为主的运移通道体系和与不整合面有关的运移通道体系起主导作用，气体运移方式以随流-热对流型为主，气体沿断层和不整合面由下部气源高压区向上部低压区侧向运移或垂向与侧向联合运移而形成上升流，当富含烃类气体的上升流进入天然气水合物稳定带时，即可形成天然气水合物。

断裂-褶皱构造天然气水合物成矿实例：布莱克海台、印度西部陆坡、阿拉斯加北部波弗特海、挪威西北巴伦支海熊岛(Bear Island)盆地。

2) 底辟构造或泥火山

在地质应力驱使下，深部或层间的塑性物质(泥、盐)垂向流动，致使沉积盖层上拱而形成底辟构造，当塑性流刺穿海底时，即形成泥火山。海底泥火山和泥底辟是海底流体逸出的表现，当含有过饱和气体的流体从深部向上运移到海底浅部时，由于受到快速的过冷却作用而在泥火山周围形成了天然气水合物，深水海底流体逸出处往往是气体(溶解气或游离气)作为现代天然气水合物聚集稳定存在的特殊自然反应。全球海洋中具有这种流体逸出迹象的海底不少于 70 处，它们都是天然气水合物存在的有利远景区。

被动陆缘内巨厚沉积层塑性物质及高压流体、陆缘外侧火山活动及张裂作用，引致该地区底辟构造发育。如美国东部大陆边缘南卡罗来纳盐底辟构造、布莱克洋脊泥底辟构造、非洲西海岸刚果扇北部盐底辟构造、尼日尔陆坡三角洲小规模底辟构造。而黑海、里海、鄂霍次克海、挪威海、格陵兰南部海域和贝加尔湖等，都已发现存在天然气水合物的海底泥火山。

底辟构造或泥火山形成的天然气水合物往往呈环带状分布在底辟构造或海底泥火山周围，有的直接出露于海底，在底辟周围可见清晰的 BSR 显示，在泥火山口周围常发育着大量的局限化能自养生物群落。

底辟构造或泥火山天然气水合物成矿实例：南卡罗来纳近海盐底辟构造、非洲西海岸尼日利亚滨外。

3) 滑塌构造

滑塌构造是指海底土体在重力作用下发生的一种杂乱构造活动，深水海底滑塌构造与天然气水合物关系密切。一方面，滑塌构造是天然气水合物形成与分布的有利地质体。首先，海底滑塌体由沉积物快速堆积而成，地震反射特征表现为杂乱反射，沉积物一般具有较高孔隙度，可为天然气水合物的形成提供所需储集空间；其次，由于快速堆积，沉积物中的有机质碎屑物在尚未遭受氧化作用情况下即被迅速埋藏而保存下来，经细菌作用可转变为大量的甲烷气体；同时，由于滑塌沉积物分选性差、渗透率低，不利于气体疏导，能较好地屏蔽压力，可为天然气水合物的形成提供良好的压力环境。另一方面，滑塌本身可能是由于天然气水合物分解而产生的构造效应。

与滑塌构造伴生的天然气水合物最有可能分布在毗邻宽广陆棚(或带有含气沉积壳层的古陆棚)的陡峭陆坡上。在滑塌构造附近，天然气水合物主要以孔隙流体运移模式形成。滑塌体中的沉积物由于受到侧向压实作用，导致大量流体排放。在成岩作用过程中，烃类气体向浅部地层扩散、渗滤，天然气水合物的形成速度明显慢于甲烷的生成速度，所形成的天然气水合物大多数聚集在 BSR 上一个相对狭窄地带，天然气水合物稳定带的底界呈不连续或突变状,而上界则是扩散和渐变的。挪威海 Storegga 滑塌区即为典型的滑塌构造天然气水合物。

3. 复合型聚集

复合型天然气水合物矿藏同时受到成岩作用和构造作用控制，其成矿气体既有由活动断裂或底辟构造快速供应的流体(天然气和水)，又有通过孔隙流体运移，从侧向或水平运移来的浅层微生物成因气，流体通过成岩—渗流混合成矿作用，在渗透性相对高的沉积物中所形成。因此，复合型天然气水合物主要分布在构造活动带周围的相对渗透层中。复合型天然气水合物成矿实例：天然气水合物脊、布莱克海台、日本南海海槽等。

第5章 南海天然气水合物地质评价

本章从南海海域地质背景出发，结合大量基础调查数据，综合分析了南海天然气水合物形成的温压稳定条件、气源生成条件、构造输导条件、沉积储集条件，总结了南海北部大陆边缘天然气水合物成藏地质认识、成藏机制及分布富集规律。这部分地质分析可为资源量评价提供地质依据。

5.1 南海区域地质背景

南海是西太平洋最大的边缘海之一，面积约 $350 \times 10^4 km^2$。南海的周边被大陆和岛屿环绕，北部毗邻华南大陆，南至苏门答腊岛、邦加岛、勿里洞岛和加里曼丹岛，西起中南半岛和马来半岛，东至台湾岛、吕宋岛、民都洛岛和巴拉望岛。南海外形似菱形，长轴为 NE-SW 向，长约 3100km，横宽（NW 向）约 1200km，平均水深达 1212m，最深点位于马尼拉海沟东南端，深度达 5377m。南海从周边向中央倾斜，依次分布着大陆架和岛架、大陆坡和岛坡、海盆等。其中大陆架和岛架面积占 48.14%，大陆坡和岛坡面积占 36.12%，海盆面积占 15.74%。因此，南海具有可能形成天然气水合物的广阔场所——大陆坡和岛坡，总面积约 $126 \times 10^4 km^2$。其中，北部陆坡 $21 \times 10^4 km^2$，西部陆坡 $38 \times 10^4 km^2$，南部陆坡 $57 \times 10^4 km^2$，东部岛坡 $9 \times 10^4 km^2$。南海大陆坡和岛坡自陆架和岛架外缘起，向深海盆地呈阶梯状下降，下界水深各地略有差异，北部 3400～3600m，西部和南部 4000～4200m，东部 4000m 左右。

北部陆坡东起台湾东南端，西至西沙海槽东口，呈北东向展布，全长约 900km，宽 143～342km，东宽西窄，总面积约 $21 \times 10^4 km^2$（许东禹等，1997）。陆坡与陆架分界水深为 149～300m，与深海平原分界水深为 3300～3700m（冯文科等，1988）。地形以陡坡和缓坡相间排列，并从西北向东南呈阶梯状下降，平均坡度为 $13 \times 10^{-3 \circ} \sim 23 \times 10^{-3 \circ}$，比大陆架的坡度大十几倍到几十倍。水深在 1000～1600m 附近地形较为平坦，而水深大于 1600m 的海域坡度急剧变陡，并受西沙海槽和中沙海槽切割。陆坡上地貌类型有陆坡斜坡带、深水阶地、海岭、海台、大陆隆、海槽、海山等。

西部陆坡北界为西沙海槽，南面以南沙西缘海槽为界，呈 NNE 向延伸，北宽南窄，地形变化较为复杂。陆坡外缘水深 3600～4000m，宽 520km，面积约 $38 \times 10^4 km^2$（许东禹等，1997）。陆坡上地貌类型有陡坡、深水阶地、陆坡盆地、海岭、海台、海槽等。

南部陆坡非常宽阔，西起南沙西缘海槽，东至马尼拉海沟的南端，长约 1000km，面积约 $57 \times 10^4 km^2$，海底崎岖不平，切割强烈，有海山、海台、海岭、海底谷等多种地貌类型。南沙群岛位于该陆坡的台阶面上，以海台地形占优势，海槽和海谷纵横交错，将台阶面切割得支离破碎。有众多的海山及接近海面的暗沙、暗礁、暗滩及露出水面的岛屿、沙洲分布。

东部岛坡指澎湖海槽以南至民都洛西缘（包括巴拉望岛）的岛坡区，面积约 9×
$10^4 km^2$，宽度狭窄，一般为 60～90km，最宽处在台湾西南岛坡，宽度为 100～110km，
坡度达 0°45′。其次在北吕宋岛西北部，岛坡宽 80～90km，坡度达 4°～5°。东部岛坡呈
南北向展布，地形陡峻，切割强烈，其上有海槽、海脊、沟谷等分布。

南海处于欧亚板块、印-澳板块和太平洋板块的交汇地带，是一个发育有洋壳的大型
边缘海，地壳结构独特，地质构造复杂，四周边缘的构造性质各异。总体上，南海具北
部拉张，西部走滑，南部挤压，东部俯冲构造特征。在太平洋板块和印度洋板块运动的
影响下，南海不同区域发生拉薄、裂解、滑移、旋动、汇聚和碰撞等组合过程，进而控
制了南海的区域地质构造格局和演化机制。

南海北缘为华南陆块的延伸部分，主要是由于南海中央海盆于中渐新世至早中新世
（32～17Ma）扩张而引起的拉张型或离散型边缘。由于中央海盆扩张时间较短，使北部陆
缘仍保留着较多的陆区构造特色，基底构造复杂，断裂发育，具有不同于典型被动大陆
边缘的特殊形成历史及构造特点。因此，南海北部陆缘为被动大陆边缘或"准被动大陆
边缘"。

南海南缘呈南挤北张的挤压型或聚敛型边缘。由于南海中央海盆在晚渐新世—早中
新世时张开，南沙微板块的北缘与华南微板块一样，都是属于非典型的"大西洋型"被
动大陆边缘。

西缘为印支陆块的延伸，具较强烈的剪切活动性，属走滑剪切型边缘，其上发育着
南北向的转换断层。Tayor 和 Hayes（1983）认为，与南海中央海盆的扩张相对应，南海西
部也在经历大面积延展，因而这是一条以右旋走向为主的滑移断层。

东缘属俯冲边缘，为活动岛弧带，属于典型的沟-弧系，马尼拉海沟—西吕宋海槽为
南海海盆向东俯冲的结果。菲律宾岛弧是洋-洋对冲的产物，岛上岩石类型和同位素年龄
的变化，说明东西两侧的俯冲带不断向洋迁移。区内新生代盆地呈长条状，盆地的形成
和迁移与火山弧和俯冲带的迁移密切相关，盆地内发育有巨厚的火山岩和火山碎屑岩系，
盆地沉积中心偏于一侧。

南海深海平原属洋壳区，是新生代中晚期海底扩张的产物。

在上述区域构造格局控制下，以中央海盆为中心的南海陆缘新生代沉积盆地十分发
育，并且各具特色，为天然气水合物的形成创造了非常有利的地质构造环境。北部陆缘
发育了珠江口盆地、琼东南盆地、西沙海槽盆地、台西南盆地、尖峰北盆地和笔架南盆
地等，这些盆地的展布受南海扩张方向的控制，呈 NE-NEE 向，盆地内分割性强，具有
多个沉积中心，正断层发育；南部陆缘分布有曾母盆地、文莱-沙巴盆地、北康盆地、南
薇盆地、礼乐盆地等，这些盆地同生断层、褶皱构造、底辟构造都较发育，南部盆地还
伴有逆冲断层；西部陆缘沉积盆地有莺歌海盆地、中建南盆地、万安盆地等，这些盆地
由于受到先张后压的影响，盆地呈狭长状，没有明显的分割性，褶皱和断裂同时形成，
泥底辟构造常见；东部陆缘上新生代盆地的形成和迁移，与火山弧和俯冲带的迁移密切
相关，盆地一般呈长条状，常有巨厚的火山岩和火山碎屑岩系，如巴拉望盆地、吕宋海
槽盆地等。在上述新生代沉积盆地中，一半以上主体位于陆坡区，如台西南盆地、琼东
南盆地、中建南盆地、北康盆地、礼乐盆地等，它们大多已被证实具有良好的油气地质

条件和较大的生烃潜力，可为陆坡区天然气水合物的形成提供大规模的天然气来源。

古近纪时，在华南大陆只有零星的沉积，但在南海北部大陆架北东向的断陷盆地中，陆相、多旋回的碎屑岩建造发育，尤其是在古近纪中期，有大套的暗色泥岩或油页岩建造，是一个重要的生油层段。南海南部大陆架，加里曼丹岛北部近海一带，始新统为巨厚的复理石沉积，渐新统为浅—半深海相砂、页岩。马来盆地、东纳土纳盆地也为典型的浅—半深海砂、页岩交替沉积。古近系在菲律宾为陆相沉积。始新统在全海区一些隆起地带上均缺失沉积。

新近系—第四系是南海海域中分布最广的地层。由于中新世海侵，南海中新统普遍超覆不整合于老地层之上。上新世的海侵比中新世时规模更大，它又超覆于中新统之上，为一套浅海相碎屑岩系。北部大陆架的沉积厚度一般在 1500～2500m，但在莺歌海拗陷区厚度可达 4000～5000m。处于长期隆起的西沙群岛等地，也有 1250m 左右以礁灰岩为主的碳酸盐岩建造(表 5-1)。

表 5-1　南海新生界地层简表

地层	符号	主要岩性及分布
全新统	Q_4	珊瑚礁，生物碎屑砂、黏土、软泥等。
更新统—上新统	N_2—Q_p	深海盆中为以抱球虫软泥为主的火山灰、放射虫粉砂层；在隆起高原上为珊瑚礁灰岩、生物碎屑岩；在大陆架上主要为砂、页岩，有火山岩、火山碎屑岩夹层，厚 10～2000m。
中新统	N_1	浅—半深海相砂、泥岩互层，下部常有石灰岩、生物碎屑灰岩，海底高原上为珊瑚礁灰岩，厚 1000～4000m。
新近系	N_{2-3}	北部为陆相至浅海相碎屑岩，南部为浅—半深海相页岩、砂岩为主的层系，东南部靠近岛弧处下第三系大都遭受褶皱并变质，厚约数千米。
古新统—下白垩统	K_1—E_1	北部有陆相碎屑岩，遭后期蚀变，含古新世有孔虫；南部为基性熔岩。

在南海南部大陆架，曾母暗沙、加里曼丹、西纳土纳、马来盆地一带，古近系和新近系为巨厚的海相沉积岩。其中渐新统主要为海相页岩和泥灰岩，中新统至上新统为浅海至半深海相砂岩、灰岩、页岩交替沉积，厚度达 4000m。向盆地两侧渐变为浅海平原相碎屑岩、含煤或减薄缺失。在东加里曼丹地区，海退三角洲相砂岩发育，是重要的储油层。在巴拉望岛西部南沙区(包括礼乐滩)，下中新统为浅海台地相灰岩，但在盆地中部为数千米的深水碳酸盐岩、泥岩、页岩。上中新统为砂砾岩及泥岩。上新统至更新统则为广泛海侵沉积的浅海碳酸盐岩及礁。在南海中央深海盆大洋壳基底玄武岩之上，新近纪以来沉积了深海抱球虫软泥、褐色黏土及浊流堆积，一般厚 500m，海沟或海槽中沉积物可厚达 2000m。

由于受到晚白垩世晚期—早渐新世古南海的消亡和晚渐新世—现代今南海的扩张和形成两大构造事件的影响，南海新生代地层以渐新世早、晚期之间的不整合面为界分为上、下两个沉积旋回。下沉积旋回(上白垩统—下渐新统)，在南海北部和西部沉积盆地中以陆相为主，表现为一完整的水进-水退旋回；在南海南部和东部普遍表现为一海退旋回，从初期的大洋型堆积开始，到始新世以沉积深水复理石建造为主，如曾母盆地的拉让群，沙巴-文莱盆地的穆卢组和克罗克组，卡加延盆地的卡拉巴洛群等；早渐新世时，加里曼丹岛隆起和菲律宾岛弧开始形成，古南海地区大面积隆起，普遍造成一次短暂的海退，出现含煤系地层的滨海碎屑岩建造和浅海珊瑚礁灰岩建造。沉积旋回(上渐新统—全新统)，南海北部沉积盆地以海相沉积为主，海侵从晚渐新世开始，自东向西，自南向北逐渐扩大，在中新世早中期和晚中新世末期—上新世早期分别形成两次大的海侵，其中以上新世早期的海侵规模最大，是南海北部的最大海侵期。沉积物以细碎屑岩为主，古生物化石含量丰富。以发育厚层泥岩为特点的上新统，普遍超覆和覆盖在较老地层之上。与此相反的是南海南部和东部的盆地，由于加里曼丹岛和菲律宾岛弧的持续隆起，表现为以海退为主。在中新世早中期时普遍发育的浅海、半深海碎屑岩建造，是上沉积旋回中的最大海进期；中—晚中新世普遍发育三角洲碎屑岩建造和生物礁碳酸盐岩建造；在晚中新世至上新世时出现造山运动；上新世—现代，一般以浅海、滨海相为主，少数盆地出现陆相堆积。南海西南部的盆地与北部盆地相似，自渐新世以来，经历了由陆相到海相的演变过程。

5.2　南海天然气水合物成藏条件

天然气水合物成藏的关键因素主要取决于 4 大地质条件，分别是天然气水合物形成的温压稳定条件，形成天然气水合物所需的气源生成条件、气源与稳定带之间的构造输导条件及天然气水合物稳定带中成藏所需的良好的沉积储集条件。这四大地质条件也包含了天然气水合物矿藏从成矿气源产生、到气源运移及聚集成藏的一系列过程，这一系列过程如果缺失其中任一关键因素，则很难形成天然气水合物矿藏。根据南海北部陆坡的地质、地球物理及地球化学资料分析，结合天然气水合物勘查钻探成果，我们对这四大地质条件进行系统分析。

5.2.1　温压稳定条件

海域天然气水合物形成的稳定带条件受海底地层的温度和压力、孔隙流体盐度、天然气组成、储层沉积物粒度及孔隙、海底热流等多方面影响。其中，影响天然气水合物稳定带分布深度和稳定带厚度的关键控制因素，主要有温度、压力及孔隙流体盐度。一般而言，海底温度越低、压力越大、孔隙流体盐度越低，则天然气水合物越易形成。而天然气组成、储层沉积物粒度及孔隙对稳定条件产生一定的影响。天然气中如果含有重烃气，在相对较高的温度和较低的压力下天然气水合物就可以形成(相对纯甲烷)。而且，当气体中含有少量丙烷时，对天然气水合物相平衡的影响更大。可见烃类气体的分子量越大，对天然气水合物相平衡影响越大。而深水海底沉积物孔隙越小，则需要更大程度的低温冷却或超压条件才能形成天然气水合物。从沉积物粒度来说，沉积物颗粒越小，其介质的毛细管半径亦越小，则天然气水合物开始形成所需要压力越高、温度越低。在细粒的沉积物中(黏土和硅质)，天然气水合物一般多呈分散状，如透镜状，结核状，球粒状或页片状；而在粗粒沉积物中，天然气水合物均呈填隙状或胶结状。依据天然气水合物稳定带的主要基本影响参数，结合稳定带相平衡曲线及大量的实验数据，即可对天然气水合物稳定带进行预测。

南海北部海域海底温度在近陆缘区大陆架为 6~14℃；在大陆坡地区，其海底温度为 2~6℃；在中央洋盆的海底温度则为 2℃左右。海水等深线与等温线趋势基本一致，在等深线密集处，其等温线也密集，且其走向与大陆坡走向相同。同时，南海北部海水深度与海底温度具有一定的相关性。一般海底温度随着海水深度增加而降低，当水深大于 2800m 时，其海底温度趋于稳定(2.2℃)；当水深小于 2800m 时，水深和海底温度在对数坐标系下呈线性相关。基本满足天然气水合物形成条件(黄永样和张光学，2009)。

热流值则是控制天然气水合物形成的另一重要因素。根据钻获天然气水合物样品的区域或具有指示天然气水合物存在标志地区地热资料的分析表明，绝大多数天然气水合物分布区热流场均偏低，热流值范围为 28~62mW/m^2，平均值为 42mW/m^2。

但也有少数例外，如 ODP131 航次 808 站位钻获的天然气水合物，其所在区域的热流值可高达 126~129mW/m^2。另外，ODP127 航次 796A 站位在日本海东北部北海道滨外钻探的天然气水合物，其所在区域的热流值亦高达 156mW/m^2。这可能是在这些高热流地区，由于气源流体充注活动非常活跃，富含甲烷的气源流体充注能力非常强，加之，地层压力偏高，进而导致在其高热流背景下相对地温区能够形成天然气水合物，但其高压低温稳定带较薄。南海海域的热流值变化较大，从小于 10mW/m^2 到大于 190mW/m^2 均有(何丽娟等，1998)。

珠江口盆地深水区神狐海域南部由于靠近中央洋盆或可能有隆起及陆缘断裂的影响，热流值在 80~90mW/m^2，而在北部沉积较厚的区域中，其热流值为 65~80mW/m^2 较南部热流值低；珠江口盆地东南部东沙海域热流值主体分布在 40~85 mW/m^2，亦属区域上较低热流区；琼东南盆地西南部由于受莺歌海 1 号断裂走滑影响而形成深洼陷，具高温高压特征(陈多福等，2004)。根据琼东南盆地中央拗陷带最新热流测量数据表明，其热流为 75~90mW/m^2，其中盆地主体热流值在 60~90mW/m^2；而在中央拗陷带东南部的西沙海槽 7 个站位的热流值则更高，热流值变化范围为 83~112mW/m^2，平均达 95mW/m^2。因此，根据南海北部陆坡深水区热流场分布特点，其中的东沙隆起东南部、琼东南盆地东南部及神狐东部等区域热流值相对较低，有利于天然气水合物富集成藏与分布。

在现有的温度、压力及孔隙流体盐度条件下，对南海天然气水合物稳定带计算表明(苏丕波等，2017)，神狐海域稳定带底界主要介于 150~250m，整体上，区域北部浅、南部深，与海底深度的变化基本呈现正相关，但在等深度分布时，海底热流变化对稳定带底界的制约作用明显。琼东南海域整体而言，稳定带底界深度随着水深的增加而逐渐变深。稳定带底界深度在<230m 时，较为发散；稳定带底界深度在 230~250m 时，数据较为集中；稳定带底界深度在>250m 时，则略有发散。说明该区域压力场整体而言，对稳定带厚度量值控制较强。在东沙海域，稳定带平均值为 203.7 m，中位值为 225.5 m。总体上，薄稳定带厚度值站位集中在该区域北部，厚稳定带值站位集中在该区域的中部及最南端的位置，中稳定带值站位则散布在中南部，总体而言稳定带厚度亦受控于水深压力的影响。

5.2.2 气源生成条件

气源岩生成了大量微生物成因和热分解成因的烃气，是决定天然气水合物的形成和分布的重要控制因素(Collett, 1993, 2002; Kvenvolden et al., 1993; Collett et al., 2008)。微生物成因的天然气是由微生物对有机质的分解作用形成的，有两种来源：二氧化碳还原反应和发酵作用，其中二氧化碳的还原反应生成的天然气是微生物成因气的主要来源。参与还原反应生成天然气的二氧化碳主要是由原地有机质的氧化作用和脱羧作用形成的，因此丰富的有机质对微生物的形成非常重要。热成因甲烷是在有机质热演化过程中生成的，在早成熟期间，热成因甲烷与其他的烃类和非烃类气体一起生成，通常伴生有原油。在热演化程度最高时，干酪根、沥青和原油中的 C—C 键断裂，只有甲烷生成。成熟度随着温度的升高而升高，每类烃都有最有利于其生成的热窗。对于甲烷，主要是在 150℃时生成的(Tissot and Welte, 1978)。

以往的研究表明，深水海底天然气水合物中的甲烷主要来自海底浅层有机质生物化学作用所形成的生物甲烷，因此，天然气水合物资源评价预测中多关注这种微生物甲烷气源。然而，在天然气水合物勘查中某些地区确实发现了来自热解气气源供给的天然气水合物成因类型。如通过天然气水合物样品气体同位素特征及烃源供给条件分析，也已证实墨西哥湾、北阿拉斯加、马更些三角洲、梅索亚哈气田、日本南海海槽、里海和黑海天然气水合物之气源属热降解成因(Collett, 2002; Collett and Dallimore, 2002)。尤其是在北阿拉斯加和加拿大陆域天然气水合物钻探成果均表明，热成因烃源供给条件对于高丰度、高饱和度天然气水合物富集成藏至关重要。此外，在墨西哥湾及普拉德霍湾等许多区域发现由热成因与生物成因构成混合气水合物类型。

根据以往研究及近年来油气勘探成果，南海北部陆坡深水区具备微生物成因气形成的物质基础及地质条件，且勘探业已证实在 2300m 以上均存在广泛的微生物成因气分布(何家雄和刘全稳, 2004)。勘查研究表明，白云凹陷神狐调查区上中新统—全新统海相泥岩干酪根镜质体反射率(R_o)一般均低于 0.7%，多在 0.2%~0.6%，处于未熟—低熟的生物化学作用带，是重要的微生物成因气烃源岩(苏不波等, 2011)。该微生物成因气烃源岩有机质丰度较高，上中新统—第四系海相泥岩有机碳(TOC)一般平均为 0.22%~0.49%，且不同层位及层段变化不大，分布稳定。其中，第四系沉积物有机质 TOC 平均为 0.22%~0.28%；上新统泥岩有机质 TOC 平均为 0.30%~0.39%；上中新统泥岩有机质 TOC 平均为 0.49%。微生物成因气烃源岩生烃潜力较低但较稳定。上中新统—全新统海相泥岩生烃潜力(S_1+S_2)平均为 0.13~0.32mg/g，具有一定的气源岩生烃潜力。南海北部陆坡西部琼东南及西沙海槽调查区上中新统—第四系海相泥岩及沉积物，有机质丰度及成熟度和生烃潜力亦与珠江口盆地神狐调查区类似，亦具有微生物成因气形成的物质基础和基本地质条件(何家雄等, 2008)。总之，南海北部陆坡及陆架区在 3200m 以上的海相地层及沉积物有机质，基本上均处在未熟—低熟的生物化学作用带，有机质丰度较高且具备较好的微生物成因气生气潜力(何家雄等, 2011, 2012)。同时，根据近年来深水油气勘探成果及地质研究表明，南海北部深部热解气烃源条件也非常好，目前已在神狐调查区深部和琼东南盆地西南部深水区陆续勘探发现了以深部成熟—高熟热解气为气源的 LW3-1 等常规气藏及油气藏和 LS17-2 等常规气藏及多处油气显示。

综上所述，南海北部陆坡天然气水合物成矿区烃源供给条件较好，不仅具有较好的微生物成因气源岩，而且深部热解气烃源条件也非常好。因此，南海北部陆坡具有较好的气源形成条件，能够为天然气水合物形成提供充足的气源供给。

5.2.3 构造输导条件

通常，海域天然气水合物稳定带厚度在海底 300m 以内，这个范围，很难形成大量微生物成因气，也很难达到足够的温度去形成热解气。而一个高丰度的天然气水合物矿藏分布须包含大量来源于微生物或热成因机制源岩的天然气。因此，天然气的运移条件就成为形成天然气水合物矿藏的重要因素。根据勘查研究结果，最常见的流体输导系统主要有断层裂隙、海底滑塌体、泥底辟及气烟囱等，因此，由构造条件形成的这些地质载体构成了气体从深部运移到稳定带的主要输导体系。

由于受区域构造运动，特别是新构造运动的作用，断裂构造在南海北部陆坡比较发育(吴能友等，2009)，断层活动时间大致可分为晚中新世和上新世以来两个主要时期，晚中新世断层以北西向为主，断层大部分切割上中新统，部分切穿上新统，是区域最主要断层活动时期；上新世以来活动断层以北东向为主，断层活动强度小，但数量众多。由于这些断层贯通了下部气源岩系与上部天然气水合物稳定带，构成了该区域主要的输导体系。同时，根据广州海洋地质调查局的高分辨率地震资料解释成果(图 5-1)，南海北部陆坡亦发育大量气烟囱和泥底辟，其中，气烟囱主要分布在琼东南盆地的中央拗陷带和珠江口盆地白云凹陷。对比烟囱构造发育区与 BSR 的分布，发现 BSR 或者集中发育于烟囱构造上部，或位于烟囱构造所处的构造高部位，说明气烟囱对气体的垂向运移具有重要作用。而泥底辟在琼东南盆地、珠江口盆地和台西南盆地均有发育，其总体走向

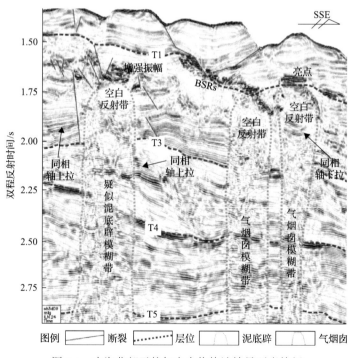

图 5-1 南海北部天然气水合物构造输导要素特征

为北东向，与南海北部陆坡北东向总体断层走向一致，对比泥底辟发育区与 BSR 的分布，发现 BSR 往往发育于泥底辟构造的两侧，部分发育于底辟上部，说明底辟也是深部气源向上运移的良好通道。此外，在南海北部神狐海域的白云凹陷发现了大型海底滑坡，滑坡底界与天然气水合物指示标志 BSR 位置具有极好的对应关系。因此，南海北部陆坡滑坡构造附近亦是天然气水合物赋存的有利区域。

综合分析，东沙和神狐海域的构造输导条件主要为断裂、泥底辟及海底滑塌体；琼东南海域的构造输导条件主要为泥底辟和气烟囱；而西沙海槽的构造输导条件则主要以断裂为主。

5.2.4　沉积储集条件

根据国外天然气水合物钻探成果和岩心资料分析，天然气水合物在沉积层中分布特征随其形成条件而变化。在一些富含黏土的细粒沉积物岩心中一般只有零星分布的天然气水合物，而在较粗的砂岩沉积物岩心中，则存在多层聚合度很高的天然气水合物。此外，科学家们也发现纯度非常高的固态天然气水合物以裂缝填充物形式赋存于富含黏土的地层中。因此，依据天然气水合物样品物理性质的差异性，可以总结出天然气水合物储层特点及其主要储集类型与储集方式：①粗砂岩的孔隙中；②弥散于细砂岩的团块中；③固体充填裂缝中；④由少数含有固体天然气水合物之沉积物组成的块状单元中。总之，大多数天然气水合物多赋存在较粗沉积物之高压低温稳定带中，而天然气水合物富集则主要取决于裂缝或粗粒沉积物分布与充足的甲烷气源之有效充注，且天然气水合物多赋存在裂缝充填物质中或弥散于富砂储集体孔隙中（Collett, 1993; Dallimore and Collett, 2005; Riedel et al., 2006）。

从钻探结果来看，南海北部神狐海域天然气水合物主要赋存于富含黏土和粉砂的沉积物中。天然气水合物均匀分布在整个细粒沉积物中，占到孔隙体积的 20%～40%。尽管天然气水合物分散在粗粒沉积物中和以黏土为主的沉积物中的天然气水合物填充裂缝这两类情况很常见，但在极细颗粒的地层中，这么高饱和度的天然气水合物却很少见。对神狐钻探区几个钻孔天然气水合物层沉积物显微结构的研究结果，揭示了沉积物生物组分有孔虫的存在对沉积物孔隙度增加的贡献，天然气水合物在剖面（不同深度）上出现饱和度的显著变化，与沉积物内颗粒大小可能关系并不密切，而更重要的是与有孔虫房室内保留的空隙有直接关系。其原因有孔虫作为细粒沉积物中较粗颗粒增加了沉积物中由颗粒支撑形成的原始粒间空隙，另一方面有孔虫房室内空隙的存在明显增加了天然气水合物在沉积物中的赋存空间。因此，神狐钻探区天然气水合物的分布与富集受粒度和组分的共同制约，而生物组分有孔虫则是天然气水合物富集的重要因素。沉积物中除了颗粒与颗粒之间的粒间孔隙外，还存在颗粒内的粒中孔隙。粒中孔隙主要存在于有孔虫壳体中，有孔虫丰度越高，粒中孔隙越多，沉积物中的孔隙空间越大，天然气水合物的富集程度越高（图 5-2）。

对东沙天然气水合物钻探钻孔岩心和资料的分析表明，天然气水合物以块状、层状、脉状及分散状等自然产状，赋存于粉砂质黏土及生物碎屑灰岩中。且在纵向上存在浅、中、深三套不同的储层，深部矿层发育于天然气水合物稳定带底部，矿层分布面积大，

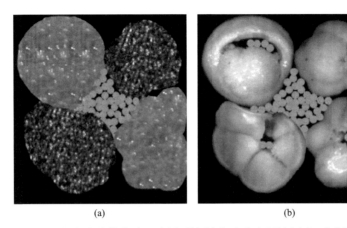

(a)　　　　　　　　　　(b)

图 5-2　天然气水合物在陆源碎屑颗粒(a)与有孔虫颗粒(b)间形成的示意图

黄色颗粒代表天然气水合物

天然气水合物呈均匀分布在粉砂质黏土中，局部层段天然气水合物与碳酸盐岩和贝壳等生物碎屑共生特征。中部矿层呈团块状或脉状产出，主要分布在含生物碎屑黏土和生物碎屑砂中，分布深度在海底以下 60～100m。浅部矿层呈小块状、脉状或结核状产出，分布深度在海底以下 9～30m，主要分布在含碳酸盐岩黏土中(梁金强等，2016)。

5.3　南海天然气水合物成藏特征与富集规律

基于 20 多年的勘查实践与研究认识，笔者认为南海北部海域赋存扩散型、渗漏型、扩散-渗漏复合型等多种类型天然气水合物矿藏，天然气水合物空间分布特征鲜明，成藏机制独特。南海北部海域天然气水合物成藏在空间上总体呈"南北分块，东西分区"分带分区富集特点。

5.3.1　南海天然气水合物成藏类型

(1)神狐海域主要发育分布范围广、厚度大、饱和度高的扩散型天然气水合物。

多次钻探证实神狐海域主要赋存扩散型天然气水合物，在第四纪浅层和中—晚中新世地层中均有发现，其与该地区处于白云凹陷富生烃凹陷充足的气源供给，黏土质粉砂储层，断层、气烟囱等不同类型天然气输导通道，多种成藏要素，时空耦合匹配优越密切相关。天然气水合物成藏气源主要是由甲烷为主的微生物成因气，兼具部分热解气，主要通过扩散作用形成于海底松散的多孔沉积物中，天然气水合物形成过程相对缓慢，但分布较广。

(2)琼东南海域主要发育埋藏浅、厚度大、饱和度高的渗漏型天然气水合物。

通过重力柱取样及天然气水合物钻探均成功获取块状天然气水合物实物样品(图 5-3)，海底摄像调查也证实琼东南海域存在丰富的渗漏型天然气水合物。天然气水合物在海底浅层天然气水合物稳定带内以块状、层状、瘤状、脉状等多种形态特征赋存于裂缝及小型断层空间。天然气水合物的形成和赋存，与盆地充足的气源供给造成的普遍气体运移渗漏有密切联系。天然气水合物主要由高通量的甲烷气体，通过构造运移通道运移至稳定带，充填于裂隙中形成了一种高饱和度的天然气水合物矿体，天然气水合物在沉积层往往生成较快，具有埋藏浅、厚度大、饱和度高的特征。

图 5-3　琼东南海域钻探获取天然气水合物岩心样品照片

（3）东沙海域天然气水合物具多期成藏、多层分布、埋藏浅、厚度大、类型多、含矿率高、甲烷纯度高等特点。

通过实际钻探证实该地区赋存块状、脉状、结核状、分散状等多种产出形态的天然气水合物（图 5-4），且渗漏型天然气水合物及扩散型天然气水合物共存，天然气水合物多层分布，多期成藏特征鲜明，成藏机制独特。天然气水合物气体主要由微生物成因气组成，可以通过多种运移途径在同一矿区不同层位发育不同类型天然气水合物，单层厚度介于 15～35m；天然气水合物饱和度介于 45%～100%；天然气水合物中甲烷气体含量超过99%。

(c)　　　　　　　　　　　　(d)

图 5-4　东沙海域钻获的天然气水合物岩心样品照片

5.3.2　南海天然气水合物呈动态系统成藏特征

海域天然气水合物成藏系统是一种复杂的系统，反映了天然气水合物从形成到保存的地质作用过程及地质要素组合。它包含烃类生成体系、流体运移体系及成藏富集体系。它们彼此在时间和空间上的有效匹配将共同决定天然气水合物的成藏特征。烃类生成体系、流体运移体系和成藏储集体系三方面要素都相当重要，它们互相作用共同控制着天然气水合物的形成与分布。

在垂向上，呈现明显的成矿序列特征，自下而上表现为游离气层-天然气水合物+游离气层-高饱和度天然气水合物层-低饱和度天然气水合物层的分布特征。深部游离气通过运聚通道到达天然气水合物稳定带，在稳定带底部附近开始聚集形成天然气水合物，在这一深度段内，游离气和水呈现出动态形成天然气水合物的特征，表现为天然气水合物和游离气共存的特点。当大部分游离气进入天然气水合物稳定带内部之后，气体逐渐聚集形成天然气水合物并逐渐充填于储集空间之中形成高饱和度天然气水合物；当此天然气水合物层形成之后，因天然气水合物层的孔渗性降低，将阻止下部气体进一步向浅层运移，仅有少量的气体可通过天然气水合物稳定带内部的断裂和裂缝及孔渗性较高的通道继续向上运移，聚集形成饱和度相对低的天然气水合物层。神狐海域地震及测井表征的多相态共存的特点，揭示出天然气水合物是一个游离气(气)，水(液)及天然气水合物(固)三相共存，相互作用的成藏系统。

5.3.3　南海北部天然气水合物成藏模式

(1)神狐海域天然气水合物为微生物成因气-热成因气双源供给，具有Ⅰ型与Ⅱ型结构天然气水合物及游离气共存、浅层天然气水合物-深层常规油气"共生成矿成藏"特征。

①神狐海域钻探取心分析证实，2300m 以浅，低熟—未熟烃源岩生成的大量微生物成因气；3300m 以深，古近纪始新统文昌组及渐新统恩平组成熟—过成熟烃源岩产生的热成因气，均可为天然气水合物富集成矿提供充足的气源供给。天然气水合物热成因气源与深部热解气"同源"，浅层天然气水合物与深层常规油气"叠置共生"。

②热成因气的供给，促使神狐海域形成多种结构类型的天然气水合物，Ⅰ型天然气水合物与Ⅱ型天然气水合物共存。在 BSR 下部发现有天然气水合物与游离气赋存。不同

饱和度天然气水合物多层分布富集，存在明显的垂向多期成矿序列。

（2）琼东南盆地天然气水合物为微生物成因气-热成因气双源供给，多输导通道运输，超压驱动控矿模式。

琼东南盆地天然气水合物气源既有微生物成因气又有热成因气，发育的泥底辟、气烟囱、断层等多种天然气运移输导通道，为天然气运移提供了高效通道。低凸起周源生烃凹陷超压驱动天然气运移，促使天然气水合物成矿存在 3 种模式：微生物成因气-亚微生物成因气自源扩散型自生自储原地成矿成藏模式、热解气他源断层裂隙输导型下生上储异地成矿成藏模式、热解气他源泥底辟及气烟囱输导型下生上储异地成矿成藏模式。

（3）东沙海域天然气水合物为微生物成因气-热成因气双源供给，不同输导通道输导，具有底部扩散、中—浅层渗漏的复合天然气水合物成矿模式。

高通量天然气运移受气烟囱和断层体系控制，深部与浅部地层中的运移模式存在差异，深部主要以气溶水的形式进行运移，而浅部主要以单独气相的形式运移。这种运移模式的差异，导致在地层中形成上-中-下"三层楼"结构的高饱和度天然气水合物藏。气体向上运移过程中，在稳定带底部聚集形成扩散型天然气水合物藏，部分气体向上渗漏，在稳定带中部和上部的裂缝或裂隙中聚集，形成渗漏型天然气水合物矿体，共同构成渗漏型、扩散型及复合型复式成藏系统。

5.3.4　南海北部天然气水合物富集规律

整体上，南海北部海域天然气水合物成藏呈"南北分带""东西分区"分带分区富集的特点，以水深 2000m 为界，呈南北两个天然气水合物成矿富集带。北部富集带为现今水深 800～2000m、新生代大型沉积盆地发育的区域。该富集带成矿气源不仅有浅部微生物成因气，而且部分来自深部热解气，大部分天然气水合物矿藏具有混合气源特征，富天然气水合物区多受盆地边缘断层控制。由东而西分三个区域：东区为台西南盆地北坡带，中间区域为珠江口盆地南缘的白云凹陷南坡，西区则为琼东南盆地的深水带。南部富集带为现今水深大于 2000m、新生代中小型沉积盆地发育的古斜坡区域，以来自浅部微生物成因气源的天然气水合物为主要类型。该富集带东起台西南盆地、笔架盆地，往西到尖峰北盆地、双峰北盆地、双峰南盆地，一直到西沙海槽盆地。

自东向西，南海北部海域呈东部东沙海域渗漏-扩散型天然气水合物富集区，神狐海域扩散型天然气水合物富集区及琼东南海域渗漏型天然气水合物富集区。

5.3.5　南海南部天然气水合物成藏条件

通过地质、地球物理、地球化学调查及天然气水合物成矿条件综合研究，在南海南部共圈定 6 个天然气水合物资源远景区。远景区内气源充足，构造活动剧烈，断层、气烟囱发育，温压稳定条件较好，天然气水合物稳定带厚度为 120～400m。区内 BSR 具有强振幅、连续性好、明显斜穿地层的特征，具备良好的天然气水合物成矿地质条件。其中，南海南部北康区块，新生代沉积巨厚，前人研究认为该区块赋存有巨大的天然气资源，为天然气水合物的形成提供了充足的烃源岩条件。温压稳定条件较好，天然气水合物稳定带厚度在 130～230m，区内气烟囱、泥底辟广泛发育，BSR 多表现为弱振幅、连续性好、与地层斜交的特征，大量发育浅表层气体渗漏现象。南海南部南薇西区块古近系湖相烃源岩和中始新统煤系烃源岩大量发育，浅部断裂及气烟囱十分发育，在近海底地层中发育大量管状渗漏通道。天然气水合物稳定带厚度在 130～200m，区内 BSR 具有强振幅、中连续性的特征，具有良好的天然气水合物成矿地质条件。

第6章 容积法在南海天然气水合物资源评价中的应用

天然气水合物资源量评估是天然气水合物勘查开发工作中的重要环节。由于天然气水合物以固态形式赋存于原位地层中，与常规天然气在储层中的状态有较大区别，这给评价天然气水合物资源带来不小的挑战。主要表现在孔隙度、饱和度等关键参数的资料获取、评价计算等方面。但是从总的资源评价的技术流程来讲，常规油气资源评价技术还是有很大的借鉴意义的。如前所述，与其他评价方法相比，容积法更适合天然气水合物资源量的计算。一般情况，对于有钻井的勘查区，通常采用基于地质模型的容积法计算天然气水合物资源量，利用钻井、测井资料及储层预测结果综合确定资源量计算参数。对于没有钻井的勘查区，目前仍以容积法结合概率法为主。

6.1 基于地质建模的容积法

通过建立三维地质模型估算天然气水合物资源量，是目前最常用和最可靠的资源评价技术，经过井资料标定和验证的地质模型，具有较高的合理性和准确性，在天然气水合物详查钻探阶段具有广泛的应用。本次以我国南海神狐海域天然气水合物详查区为例，采用基于地质模型的容积法计算天然气水合物资源量，介绍该方法在我国海域天然气水合物资源评价中的应用情况。

6.1.1 评价区工作基础

神狐海域是南海北部天然气水合物调查最成熟的区块，广州海洋地质调查局 2003 年首次开展多道地震调查及相应的水深测量；2004 年度开展地质-地球物理综合加密概查，使神狐海域地震测线形成了 16km×32km 的地震测网，达到了概查测网全覆盖程度；2005 开始开展高密度二维地震资料。为了进一步评价天然气水合物资源，2006 年开始对神狐海域北部、南部进行了详查，地震测网密度 2km×4km。同时，为了验证和评价天然气水合物，优选钻探目标，2005～2009 年分 4 个年度对神狐海域北部重点目标区开展了以三维高分辨率多道地震勘查为主的综合详查；同时，通过优选井位目标，分别于 2007年、2015 年和 2016 年开展了大量的钻探工作，截至 2017 年底，神狐海域共有天然气水合物钻探站位 51 个，其中测井站位 35 个，取心站位 11 个。钻探结果揭示神狐天然气水合物主要赋存于晚中新统及上新统未固结的沉积层中，沉积相为具有较高孔隙度的三角洲前缘、浊积扇、滑塌沉积及漫溢沉积，岩性主要为富含黏土和粉砂的沉积物，且天然气水合物均匀分布于整个细粒沉积物中，占到孔隙体积的 20%～40%。通过钻探不仅发现了新的巨厚天然气水合物储层沉积体，而且首次在我国海域钻探证实了 II 型天然气水合物的发育。本次以神狐海域详查区为例，通过基于三维地质建模的容积法计算天然气水合物资源量。

6.1.2 地质建模流程

三维地质建模是一项比较综合的工作，是以地震分析和解释、地质认识、测井解释结论和生产测试资料等为基础进行的，通过对来自不同学科结论的综合分析、校验，形成较为一致的地质认识，并最终生成可信度较高的三维地质模型。总体而言地质建模工作主要包括如下 3 个方面。

1. 井震精细标定

结合取心、测井结果，对研究区测井数据进行预处理和井震标定，精确确定各站位天然气水合物赋存深度区间，对每一独立矿体分布特征给出合理的地质解释和评价。

2. 天然气水合物储层预测

利用叠后阻抗反演、属性分析等技术，实现"点→面→体"的预测，并以测井数据为约束，实现天然气水合物矿体的三维刻画。

3. 天然气水合物地质建模

结合测井、取心及地震解释资料，获取合理参数，建立天然气水合物地质模型，在此基础上统计资源量。

具体工作中还应注意如下几点。

(1)针对钻井资料，一方面利用取心、分析化验及生产测试资料开展储层特征研究，确定孔隙度、饱和度等储量参数，对生产特征进行分类分析；另一方面，利用钻井资料对测井资料进行标定和校正，在此基础上开展测井资料的基线漂移、异常值剔除、标准化处理等一系列预处理工作，为后续工作奠定基础。

(2)根据天然气水合物层测井解释成果对天然气水合物层电性响应特征进行分析，并根据天然气水合物层地震响应特征进行井震标定，在此基础上对地震资料上可以识别的天然气水合物层段顶、底界面进行追踪解释。解释结果一方面为储层预测提供重要的约束条件，另一方面可结合区域地质特征进行天然气水合物储层构造-沉积特征分析。

(3)利用丰富的钻井、测井资料对各项地球物理技术和成果认识进行检验和分析，优选出吻合程度高的方法技术，对误差较大的方法技术重新开展适用性分析和参数调整。在此基础上，重点针对天然气水合物发育层段进行速度异常分析、地震分频处理检测、地震属性分析、属性聚类分析及储层反演等储层预测研究工作，结合区域构造、沉积和成藏演化特征确定储层空间分布范围。

(4)根据储层预测成果和地震辅助层位解释成果认识完成天然气水合物层三维地质建模，建立天然气水合物层顶、底构造模型，天然气水合物层孔隙度模型及饱和度模型；充分利用取心分析资料及测井资料确定各项储量参数，利用容积法开展研究区天然气水合物资源量估算。

(5)根据天然气水合物层空间分布特征及其与构造、断裂发育特征关系分析，结合区域构造、储层发育特征及气运移和成藏演化特征研究成果，分析神狐地区钻探区内天然气水合物富集特征及其成藏规律。

4. 天然气水合物储层模型

从天然气水合物储层预测结果来看，在空间上可以划分为 8 个独立的天然气水合物矿体单元。以矿体单元中发育天然气水合物层的代表井来命名，8 个矿体单元分别命名为 SH7A 井区、W07 井区、W02 井区、W16 井区、W18 井区、W23 井区、W11 井区和 W12 南井区。结合上述研究成果，分别建立了 8 个天然气水合物矿体单元的三维地质模型，模型范围涵盖了矿体分布范围(图 6-1)。

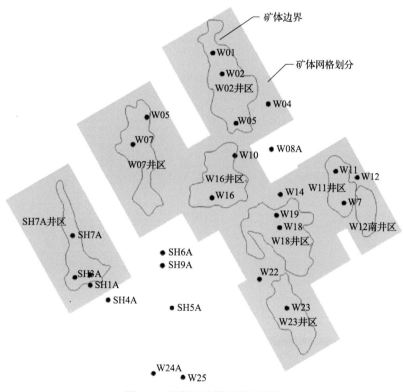

图 6-1　研究区建模范围示意图

由于本区的研究成果主要是天然气水合物储层波阻抗反演数据体和地震属性分析结果，为减小由地震数据体转换到地质模型数据时的误差，对地质模型进行网格划分时，以地震资料为参考依据。研究区地震数据体的面元为 50m×12.5m，采样率为 1ms，对地质模型进行网格化时，平面上以 50m×50m 的规格进行划分，网格方向与测线方向保持一致，垂向上网格划分间隔为 2m。

1)构造模型建立

与常规的地质构造模型不同，天然气水合物顶、底界面不是一般意义上的地层界面，而是主要受温压控制的矿体界面，因此，本模型中的"构造单元"实际上是天然气水合物矿体单元。

本次地质构造建模包括三个界面，即天然气水合物层顶、底界面和海底。天然气水合物层顶、底界面由波阻抗反演结果确定，是天然气水合物资源量计算的基础；模型中增加海底构造，是为了方便井位部署、井轨迹设计等后续工作的开展。构造数据均来自准三维地震资料叠前深度偏移数据体上的三维构造解释。这些数据覆盖了天然气水合物储层的分布范围，能够刻画出 8 个井区天然气水合物的空间分布范围(图 6-2)。

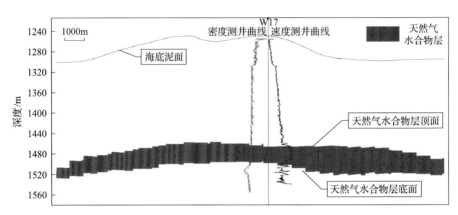

图 6-2　构造模型剖面示意图(过 W17 井)

构造建模过程中，首先将海底构造解释层位导入模型，因研究区内海底构造简单清楚，解释结果无须编辑校正，可直接使用；然后将天然气水合物反演数据体导入模型，经校正、编辑和平滑后作为天然气水合物层顶、底界面。因天然气水合物层顶、底界面进行插值时，有可能存在交叉现象，需经手工编辑调整、检查无误后，完成构造建模。

2) 储层模型建立

储性属性模型包括储层体积模型、孔隙度模型和饱和度模型。储层体积模型为储层波阻抗反演数据体经测井资料校正、人工干预后进行网格化得到的三维数据体，该数据体代表天然气水合物矿体的空间分布范围，不体现矿体的物性和丰度；孔隙度模型是反演得到的孔隙度数据体经测井资料校正和人为编辑后的结果，其空间范围受储层体积模型控制，三维数据体大小反映储层孔隙度空间变化；饱和度模型为电阻率曲线拟波阻抗反演的含天然气水合物饱和度数据体，与孔隙度模型一样，其边界受体积模型控制，数据体大小反映储层含天然气水合物饱和度大小。

通过储层三维模型可以清晰观察到天然气水合物储层的三维分布特征，通过栅状图可以看出天然气水合物储层的分布范围和厚度变化。从三维分布图可以看出，W02 井区、W18 井区天然气水合物储层分布范围较大；W11 井区和 W12 南井区天然气水合物储层厚度较大，该区储层厚度变化较快(图 6-3)。从 8 个井区的栅状图可以看到，天然气水合物层呈现区域性分布特征，厚度变化特征明显(图 6-4)。

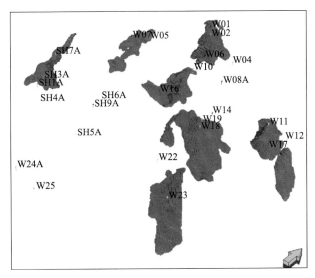

图 6-3　天然气水合物矿体空间分布模型三维立体图

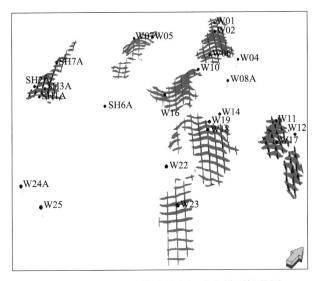

图 6-4　天然气水合物矿体空间分布模型栅状图

从平面上看,研究区内有 8 个天然气水合物矿体,在研究区各个区域均有分布。各矿体形态不一,但整体上呈现出与构造走向相一致的条带状分布。天然气水合物矿体厚度变化较大,从 5～100m 不等,厚度最大的矿体为东部 W11 井区和 W12 南井区,其他几个矿体厚度相当(图 6-5)。

将波阻抗反演的孔隙度数据体导入三维模型,在检查其分布无异常的情况下,利用构造模型进行约束,提取孔隙度属性,生成孔隙度属性模型。

从过 W19-W18 井的孔隙度剖面可知,孔隙度在垂向和水平方向的变化都比较明显,说明储层分布变化较快,反映了该区天然气水合物储层分布区域性较强的特征(图 6-6)。

图 6-7～图 6-10 分别为过 W01-W02 井、过 W16 井和 SH2A 井储层孔隙度剖面图和孔隙度平面分布图,通过剖面图可以观察研究区内不同矿体内部孔隙度变化特征。

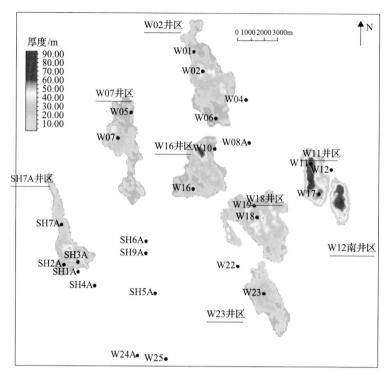

图 6-5　研究区天然气水合物矿体厚度平面分布图

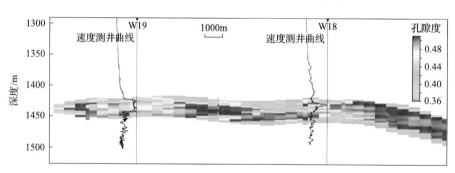

图 6-6　过 W19-W18 井储层孔隙度剖面图

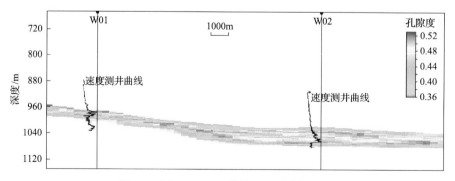

图 6-7　过 W01-W02 井储层孔隙度剖面图

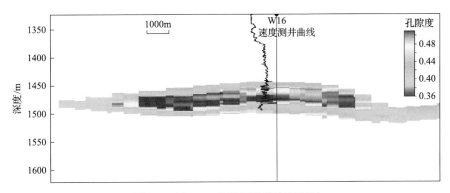

图 6-8　过 W16 井储层孔隙度剖面图

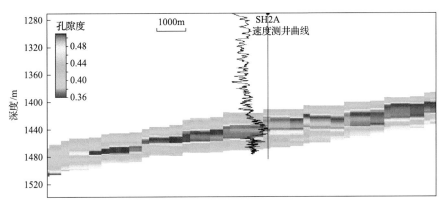

图 6-9　过 SH2A 井储层孔隙度剖面图

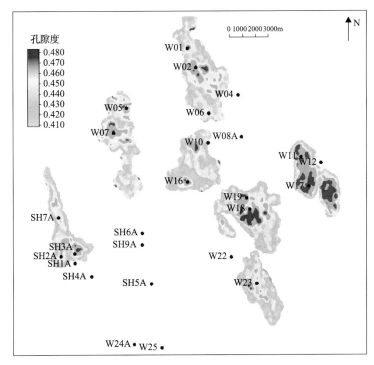

图 6-10　天然气水合物储层孔隙度平面图

从 W18、W19 井的含天然气水合物饱和度剖面可知，含天然气水合物饱和度在垂向和水平方向的变化都比较明显，说明储层中含天然气水合物饱和度变化较快，井点上含天然气水合物饱和度较高(图 6-11)。

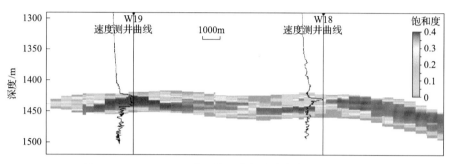

图 6-11　W18、W19 井区含天然气水合物饱和度剖面图

图 6-12～图 6-15 分别为过 W01-W02 井、过 W16 井和过 SH2A 井储层含天然气水合物饱和度剖面图和平面分布图，通过剖面图可以观察研究区内不同矿体内部含天然气水合物饱和度变化特征。

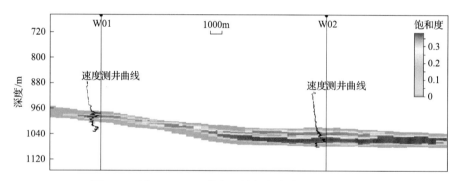

图 6-12　过 W01-W02 井含天然气水合物饱和度剖面图

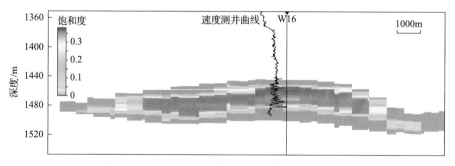

图 6-13　过 W16 井含天然气水合物饱和度剖面图

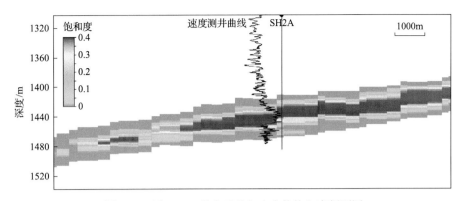

图 6-14　过 SH2A 井含天然气水合物饱和度剖面图

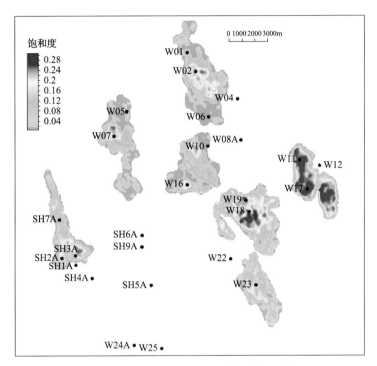

图 6-15　天然气水合物储层饱和度平面图

6.1.3　模型资源量统计

根据上述地质模型分区计算各井区天然气水合物资源量，最终基于三维地质建模，计算 8 个矿体资源量总和为 $1010.67 \times 10^8 \text{m}^3$。

6.2　基于蒙特卡罗算法的容积法

基于地质建模的资源评价方法是在地震、钻井资料较为完备的条件下开展的，更多是在勘探中后期，为开发阶段所评估的较准确的资源量。在勘探的早期阶段，用于标定、控制的钻井资料可能较为缺乏，此时的资源评价工作主要关注成藏的地质要素分析等方面，是一个定性分析为主的阶段。但一定的量化分析评价也是需要的，此时对于资源量的估计最好是引入不确定性分析，以便为后续的勘探开发提供更好的决策依据。

不确定性分析是基于概率理论表征不确定性的一系列方法。其中较常用的方法是利用蒙特卡罗模拟从已知参数的概率分布，估计未知参数的概率分布。第 3 章已经详细介绍了该方法的原理，这里以神狐海域某有利区为例，介绍如何利用其进行天然气水合物资源评价。

神狐海域是我国南海北部陆坡天然气水合物调查最成熟的区块，首次调查始于 2003 年，在其后的多个工作年度中，广州海洋地质调查局先后在该海域实施了多项地质、地球物理调查，神狐海域北部大部分区域达到详查级别。通过开展有利目标评价和优选工作，在该海域开展了多轮天然气水合物钻探工作，并于 2017 年成功开展了天然气水合物试采工作。截至 2017 年年底，神狐海域共有天然气水合物钻探站位 51 个，其中 35 个站位通过随钻测井发现天然气水合物异常，11 个站位进行了取心。对于钻探区域，我们可以基于地质建模的容积法对其进行评价。在勘探程度相对较低的非钻探区，我们可以基于蒙特卡罗法对其进行评价。

6.2.1　评价区概况

该有利区位于神狐海域北部上陆坡的坡折处，水深在 400～1650m，刻度区东部热流相对较低，对天然气水合物的形成与发育也比较有利。刻度区内断裂发育，主要有北东、北西和南北向三组断裂系统。断层活动存在三个高峰期：古新世(或者更早)—渐新世早期、中新世早期—中新世中期和中新世晚期，中新世晚期以来的断裂尤为活跃。上新世末—第四纪活动的北西向断层数量多、规模小，是新构造运动引起区内滑塌而形成的，与地形地貌有较好的对应关系，这些断层活动时产生大量的裂隙，使其周围成为高孔渗带，断裂系连通了下部的深部气和四周的浅层气，为流体运移提供了通道。刻度区上新世—全新世发育大规模、多期次的滑塌沉积体。滑塌体是由浅海陆架边缘沉积物因重力失稳垮塌堆积而成，因此与浅海沉积具有同样高的有机质丰度。据天然气水合物钻探揭示，上中新统—第四系有机碳含量最低为 0.29%，最高达 1.77%，估计微生物成因气的生烃潜力较大，在白云凹陷北部斜坡 PY34-1 和 PY30-1 构造的浅部地层中已发现微生物成因气气藏，能为该区天然气水合物的形成提供充足的微生物成因气气源。滑塌沉积体岩性较细、较疏松，具有较大的孔隙空间，能够成为天然气水合物的良好富集层。多期叠置的滑塌沉积体在地质空间展布上的复杂性和性质上的多样性，造成沉积体内部物性的不均一性。据钻井资料，该区更新世平均沉积速率为 6.46cm/ka，上新世平均沉积速率为 3.93cm/ka。不均一的沉积物在如此高的沉积速率下其内部往往是处于欠压实状态，容易形成局部的异常高压，当能量聚集到一定程度发生泄压，泄压通道构成了良好的流体输导体系，有利于气体运移与聚集以及天然气水合物成藏。

综合研究认为，该区具有较好的天然气水合物形成的地质条件，天然气水合物资源潜力较大。

6.2.2　评价参数选取

容积法计算资源量的主要参数是储层体积、孔隙度和饱和度，利用这三个参数可以估计天然气水合物在储层原位地层中的体积。再利用体积系数即可换算至地面标准温压条件下对应的天然气体积。因此，这里首先要确定这几个参数的概率分布。

概率分布模型是表述随机变量取值规律的概率理论模型，在资源量估算中，应根据样本统计分析以及类比分析、经验统计等，选择最能反映客观实际的参数概率分布模型。根据资源量计算参数的地质和数学特征，总结了计算参数常用的概率分布模型及其适用条件，如表 6-1 所示。

当通过各种调查手段获取了大量、可靠的参数样本值时，可采用频率统计方法构建概率分布函数，这种方法求取的概率分布函数不同于上述的各种理论分布函数，由于直接来自于实际观测资料，能够客观反映参数的概率分布，可称之为任意分布模型。

由于该有利区主要是依靠地震资料圈定的，通过 BSR 的解释，可以比较确定有利区空间平面分布的范围。但是其他参数通过地震资料来推算，就存在较大的不确定性，需要我们一一为其赋予合适的概率分布。

1. 储层体积

天然气水合物储层体积参数一般用天然气水合物分布的面积和厚度的乘积表示，由于没有像地质建模方法那样划分网格，这样处理意味着我们假定了一个非常理想的均质模型。

天然气水合物的分布面积：在有地震调查资料而无钻井的区域，通常根据地震识别的 BSR 分布面积来确定水合物的分布面积。而对于暂时没有实施地震调查的远景区，根据研究认为 BSR 的分布面积与研究区海域面积具有一定的统计规律，一般 BSR 的分布面积占研究海域的 20%左右。

本次研究区已经实施地震调查，根据天然气水合物赋存的 BSR 等综合判识标志，圈定该有利区面积为 330km²。

天然气水合物层的厚度：在有地震调查资料而无钻井的区域，主要在有利区 BSR 特征、地震属性和反演结果的基础上，参考钻探区天然气水合物厚度分布给出一个合理估计。神狐钻探区钻获的天然气水合物储层厚度从 5～100m 不等，厚度主要分布在 10～55m。对于有利区，假定其厚度的概率分布为正态分布，分布范围在 10～55m。

2. 孔隙度

一般认为自然条件下的地层孔隙分布符合正态分布规律，通过实际资料可以发现天然气水合物储层的孔隙度也是接近正态分布的。

图 6-16 是神狐海域天然气水合物钻探区内测井解释孔隙度数据直方图，反映了该区域海底以下 300m 以浅的沉积层孔隙度整体分布特征。该区域海底浅表地层仍是松散未固结沉积层，孔隙度普遍大于 27%，其中最小值为 20.66%，最大值为 89.81%。总体上看，其分布仍呈现近似对称的形态。利用几种常用理论分布对其进行拟合，Burr 分布和

表 6-1　资源量计算参数常用的概率分布模型及适用条件

分布模型	概率密度曲线	模型参数	概率密度	概率分布	数学期望	方差	性质	适用条件
均匀分布		最大值: max 最小值: min	$f(x) = \begin{cases} \dfrac{1}{max - min}, & min \leqslant x \leqslant max \\ 0, & x < min\ 或\ x > max \end{cases}$	$F(x) = \begin{cases} 0, & x < min \\ \dfrac{x - min}{max - min}, & min \leqslant x \leqslant max \\ 1, & x > max \end{cases}$	$\dfrac{min + max}{2}$	$\dfrac{(max - min)^2}{12}$	赋值简单方便只依赖于区间长度，而与位置无关	产气因子体系数
三角分布		最大值: max 最小值: min 可能值: mlv $h = \dfrac{2}{max - min}$	$f(x) = \begin{cases} \dfrac{h(x - min)}{mlv - min}, & min \leqslant x \leqslant mlv \\ \dfrac{h(max - x)}{max - mlv}, & mlv < x \leqslant max \\ 0, & x < min\ 或\ x > max \end{cases}$	$F(x) = \begin{cases} 0, & x < min \\ \dfrac{h(x - min)^2}{2(mlv - min)}, & min \leqslant x \leqslant mlv \\ 1 - \dfrac{h(max - x)^2}{2(max - mlv)}, & mlv < x \leqslant max \\ 1, & x > max \end{cases}$	$\dfrac{min + mlv + max}{2}$	$\dfrac{(max - mlv)^2 +}{}$ $(max - min)^2 +$ $\dfrac{(mlv - min)^2}{36}$	赋值简单方便尾部频数可能估计过高	面积 有效厚度
正态分布		均值: μ 标准差: σ (>0)	$f(x) = \dfrac{1}{\sqrt{2\pi}\sigma} e^{-(x-\mu)^2/2\sigma^2}$, $\quad -\infty < x < +\infty$	$F(x) = \int_{-\infty}^{x} \dfrac{1}{\sqrt{2\pi}\sigma} e^{-(y-\mu)^2/2\sigma^2}\, dy$	μ	σ^2	最常见的分布规律均值两侧具有对称性众数、均值、中值相同	面积 有效厚度 孔饱参数
对数正态分布		位置: L 均值: μ 标准差: σ	$f(x) = \begin{cases} \dfrac{1}{\sqrt{2\pi}\sigma(x - L)} e^{-[\ln(x-L)-\mu]^2/2\sigma^2}, & x > L \\ 0, & x \leqslant L \end{cases}$	$F(x) = \begin{cases} 0, & x \leqslant L \\ \int_{L}^{x} \dfrac{1}{\sqrt{2\pi}\sigma(y - L)} e^{-[\ln(y-L)-\mu]^2/2\sigma^2}\, dy, & x > L \end{cases}$	$e^{\mu+\sigma^2/2} + L$	$e^{2\mu+\sigma^2/2}$ $(e^{\sigma^2/2} - 1)$	油气勘探领域最常用正偏斜式分布均值>中值>众数	面积 有效厚度 孔饱参数
贝塔分布		最大值: max 最小值: min $\alpha > 0$ $\beta > 0$	$f(x) = \begin{cases} \dfrac{z^{\alpha-1}(1-z)^{\beta-1}}{B(\alpha,\beta)}, & min < x < max \\ 0, & x \leqslant min\ 或\ x > max \end{cases}$ 归一化: $z = \dfrac{x - min}{max - min}$, $B(\alpha,\beta) = \dfrac{\Gamma(\alpha)\Gamma(\beta)}{\Gamma(\alpha+\beta)}$	$F(x) = \begin{cases} 0, & x < min \\ \int_{min}^{x} \dfrac{(x-min)^{\alpha-1}(max-x)^{\beta-1}}{B(\alpha,\beta)(max-min)^{\alpha+\beta-2}}\, dx, & min \leqslant x \leqslant max \\ 1, & x > max \end{cases}$	$\dfrac{max\cdot\alpha + min\cdot\beta}{\alpha+\beta}$	$\dfrac{(max-min)^2\alpha\beta}{(\alpha+\beta)^2(\alpha+\beta+1)}$	在0~1范围内分布描述百分数的理想分布	充满系数 孔饱参数
Beta-Pert分布		最大值: max 最小值: min 可能值: mlv	$f(x) = \begin{cases} \dfrac{(x-min)^{\alpha-1}(max-x)^{\beta-1}}{B(\alpha,\beta)(max-min)^{\alpha+\beta-1}}, & min < x < max \\ 0, & x \leqslant min\ 或\ x > max \end{cases}$	$F(x) = \begin{cases} 0, & x < min \\ \int_{min}^{x} \dfrac{(x-min)^{\alpha-1}(max-x)^{\beta-1}}{B(\alpha,\beta)(max-min)^{\alpha+\beta-2}}\, dx, & min \leqslant x \leqslant max \\ 1, & x > max \end{cases}$	$\dfrac{max\cdot\alpha + min\cdot\beta}{\alpha+\beta}$	$\dfrac{(max-min)^2\alpha\beta}{(\alpha+\beta)^2(\alpha+\beta+1)}$	利用β分布方程代替众数两侧的线性外推类似三角分布，但峰值下降得更平滑	面积 有效厚度 孔饱参数

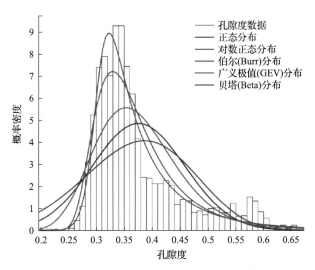

图 6-16　神狐海域测井解释孔隙度分布特征

对数正态分布比较符合这一数据集。若使用正态分布，其拟合参数：均值为 44.95%，标准差为 0.0946。

　　在没有钻井的有利区内，通过地震速度分析和反演分析结果推算的孔隙度范围为 30%～70%，使用这个范围的正态分布来表示孔隙度。

3. 饱和度

　　一般而言，含油气饱和度的分布都表现为非对称的偏态分布，通常峰值是向低值区域偏离的。通过实际资料的统计特征，发现天然气水合物饱和度也具有这样的特征。

　　图 6-17 是钻探区测井评价天然气水合物饱和度数据统计直方图，天然气水合物饱和度总体上呈非常明显的偏态分布特征，其最大值为 0.3618，均值约 0.0853。使用对数正态分布、贝塔分布等对其进行参数拟合，结果表明贝塔分布(a=1.48，b=15.8614)较符合

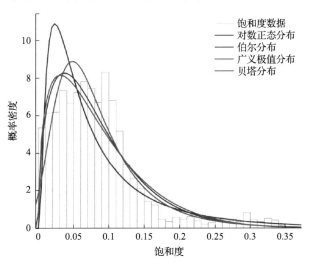

图 6-17　神狐海域测井解释天然气水合物饱和度分布特征

神狐海域测井评价的天然气水合物饱和度整体分布特征。

在没有钻井的有利区内，仍是通过地震速度分析和反演分析结果推算饱和度，经过拟合，我们使用范围为 0%～40% 的对数正态分布来表示饱和度。

4. 产气因子

产气因子的概率分布目前较难确定，因为目前使用的测试方法本身有一定的误差，并且大规模的取样由于成本原因也很难开展。目前普遍认为产气因子的合理范围大概在 140～165。鉴于这一范围较小，实际工作中通常取一固定值（如 150），而不再考虑产气因子的概率分布。

6.2.3 资源量计算结果

采用上述参数，使用容积法公式，结合蒙特卡罗方法计算神狐海域有利区天然气水合物地质资源量。蒙特卡罗模拟计算结果见表 6-2，图 6-18 是有利区天然气水合物资源逆概率累积曲线。有利区天然气水合物地质资源量期望值为 $689.8 \times 10^8 m^3$，95% 和 5% 概率对应的资源量分别是 $75.2 \times 10^8 m^3$、$1814.55 \times 10^8 m^3$。

表 6-2 基于蒙特卡罗概率分布的容积法评价结果

评价有利区	面积/km²	孔隙度/%	饱和度/%	厚度/m	地质资源量/$10^8 m^3$			
					95%	50%	5%	期望值
神狐有利区	330.5	30～70	0～40	10～55	75.2	535.97	1814.55	689.8

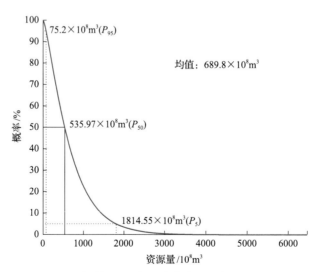

图 6-18 有利区天然气水合物资源逆概率累积曲线

第7章 成因法在南海天然气水合物资源评价中的应用

成因法是从研究天然气水合物成藏的烃气从生成、运移、聚集直到形成天然气水合物矿藏的成因条件出发，来预测天然气水合物资源量的方法。其中盆地模拟法是应用最为广泛的一种成因评价方法。盆地模拟是以烃气生成、运移及聚集单元为对象，在对模拟对象的地质、地球物理和地球化学过程深入了解基础上，根据天然气水合物成矿机理，首先建立地质模型，然后建立数学模型，借助相应的软件程序，由计算机定量模拟时空概念下天然气水合物形成、演化及现今资源量。本次以神狐海域详查区为例，介绍成因法(盆地模拟法)评价天然气水合物资源量的流程。

7.1 评价区地质概况

神狐海域天然气水合物评价区位于南海北部陆坡中部神狐暗沙与东沙群岛之间海域，海底地形总体趋势为北向南倾斜，水深从 1000m 逐渐加深到 1700m 以上。以 1350m 水深线为界，可分为南北两部分，1350m 水深线以北地区，地形较陡，海底坡降一般在 3.0×10^{-2}。评价区北部从西到东发育三个近南北向的海底沟槽。其中，西部沟槽位于 115°06′~115°08′，沟槽狭长，深度较大；中部沟槽位于 115°09′~115°11′；东部沟槽位于 115°14′~115°15′，中部和东部沟槽相对开阔，深度亦不如西部沟槽大。1350m 以南地区，地形较为平缓，海底坡降一般在 2.0×10^{-2}，水深最深处约 1750m，海底等深线较调查区北部相对稀疏，走向近东西向，逐渐进入深海平原。

评价区的主体位于南海北部陆坡的前端，海底地貌形态复杂，北部从西到东发育三个近南北向的海底沟槽，海底沟槽与海底山脊相间排列。区内主要发育海丘、海谷、冲蚀沟、反坡向台坎及海底沟槽等地貌类型。

评价区构造上位于白云凹陷以南、尖峰北盆地和笔架盆地的中间，南临笔架南盆地和中央海盆，接近神狐——一统暗沙隆起(部分在该构造内)。其紧临珠江口盆地南端，构造演化史与珠江口盆地深水区类似。珠江口盆地新生代经历过 5 次大的构造运动，分别为珠琼运动一幕、珠琼运动二幕、南海运动、白云运动和东沙运动。

珠江口盆地深水区自下而上发育 9 个三级层序，分别对应于神狐组、文昌组、恩平组、珠海组、珠江组、韩江组、粤海组、万山组和第四系。神狐——一统暗沙隆起区沉积的地层普遍较深水区薄，部分年代较老的地层缺失(表 7-1)。

根据地震资料对与天然气水合物赋存密切相关浅部地层进行了地震层序解释，共识别了 T_1、T_2 和 T_3 三个反射界面，根据这三个界面将本区晚中新世以来的地层从上到下划分出层序 A(T_0—T_1)、层序 B(T_1—T_2)和层序 C(T_2—T_3)三个地震层序。

表 7-1　神狐海域评价区地层层序划分表

地层			层序		地震
系统组			距今年龄/Ma	代号	反射界面
第四系				A	
			1.64		
新近系	上新统	万山组		B	T₁
		粤海组	5.2	C	T₂
			10.4		
	中新统	韩江组		D	T₃
		珠江组			T₄
			23.3		
古近系	渐新统	珠海组		E	T₅
		恩平组			T₆
			35.4		
	始新统	文昌组		F	T₇
			56.5		
	古新统	神狐组		G	Tg
			65.0		
白垩系					

层序 A 为一套全新世—更新世海相细粒碎屑沉积,厚度从西向东呈厚薄相间的近 SN 向带状变化,调查区的中北部厚度较大,最厚可达 500m,西部和北部的冲蚀沟中厚度较薄,最薄为 30m,一般介于 200～300m。

层序 B 为一套上新世海相细粒碎屑沉积,沉积厚度表现为南北分块,东西分带的变化特征。南部地层厚度介于 500～350m,厚度等值线近 EW 走向。而北部地层厚度的变化特征与层序 A 一样也呈 SN 向带状变化,最厚处位于调查区的中西部,厚度超过 950m。

层序 C 为一套晚中新世海相碎屑沉积层,该套地层在钻探区北部和西部沉积厚度较大,最大厚度可达 1460m,由北往南厚度逐渐减薄,最南端厚度减薄至 650m。

天然气水合物稳定带受温度(热流、海底温度及地温梯度)、压力条件控制,除此之外,还受海水盐度和成藏气源气体组分的影响。热流值则是控制天然气水合物形成的重要因素,通常,热流值越高,形成的温压稳定带越薄。根据统计结果显示,神狐海域热流值最高为 96.11mW/m²,最低为 60.84mW/m²,平均热流值为 76.72mW/m²,标准方差为 $\pm 9.86mW/m^2$。热流值主要集中分布在 65～75mW/m²(约占 47%)和 75～85mW/m²(约占 28%)范围内。与区域热流背景值对比发现,该区的热流平均值高出珠江口盆地中央隆起带和南部拗陷带约 5～6mW/m²,表明评价区地层中流体相对活跃,深部热液运移速度相对较大。根据热流数据绘制了评价区热流分布图[图 7-1(a)]结果显示,评价区西部热流等值线密集,热流变化复杂,而东部相对简单。评价区西部热流的变化趋势由南往北表现为"低→高→低→高"的带状分布特征,表明了该区地层的局部不均一性;在东部边界位置存在一个地热低点,围绕该低值热流呈均匀梯度变化。评价区西部为热流值小于 76mW/m² 的相对低热流区域,南部和北部为热流值大于 80mW/m² 的高热流区域。2007 年的钻探成果显示,钻获天然气水合物样品的 SH2、SH3 和 SH7 三个站位全部位于西部热力低值中心区域;而位于高热流区域 SH5、SH6 和 SH9 三个钻探站位均未发现天然气水合物。因此，可以推定，在假设气源组分、地层盐度坡面相似及气源供给速率大致相同的情况下，75mW/m² 热流值可作为判断钻探区天然气水合物是否成藏的阈值之一。

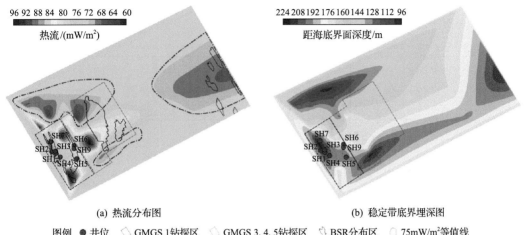

(a) 热流分布图　　　　　　　　　　(b) 稳定带底界埋深图

图例 ● 井位　◇ GMGS 1钻探区　◇ GMGS 3, 4, 5钻探区　▧ BSR分布区　○ 75mW/m²等值线

图 7-1　神狐海域天然气水合物分布区热流分布(a)及水合物稳定带分布图(b)

通过对天然气水合物相平衡的研究，预测天然气水合物存在的深度和范围。从神狐海域评价区天然气水合物稳定带底界埋深图[图 7-1(b)]可知，在现有的温度和压力条件下，神狐海域评价区北部的稳定带埋深<230m，神狐海域钻探结果证实，天然气水合物分布底界深度全部浅于230m。评价区天然气水合物稳定带北部浅，南部深，并没有完全与热流的分布存在负相关，但是与海底深度的变化基本呈现正相关，这说明在地形变化大的区域内(海水深度 800～1500m)，压力对稳定带底界呈现出一定的驱动力。但在等深度分布时，海底热流变化对稳定带底界的制约作用明显。

从世界范围看，深水海底天然气水合物中的甲烷主要来自海底浅层有机质生物化学作用所形成的生物甲烷，因此，在天然气水合物资源早期评价预测中，多关注这种微生物甲烷气源。然而，在世界多数地区，还发现了来自热解气气源供给的天然气水合物成因类型。2007 年，广州海洋地质调查局在神狐海域开展了中国首次海域天然气水合物钻探，并成功获得天然气水合物样品。钻后分析表明，天然气水合物气源为生物成因为主的混合成因气，热成因气贡献极少。根据神狐海域油气地质特征，推测神狐海域还存在热成因的天然气气源，但一直未得到证实。2015 年和 2016 年，广州海洋地质调查局在神狐海域先后开展了第 3 次(GMGS 3 航次)和第 4 次(GMGS 4 航次)天然气水合物钻探，不仅获得了大量天然气水合物实物样品，而且在所取得的天然气水合物气源样品中发现了热成因气，并首次揭示出南海北部存在 II 型天然气水合物。神狐海域天然气水合物岩心分解气、裂隙气及顶空气组分及甲烷同位素测试结果表明，天然气水合物气源组成包括生物成因气和热解成因气两种成因类型。气体组分中以甲烷占绝对优势，其含量通常达 92% 以上，在数个站位还测试发现含量相对较高的 C_{2+} 以上烃类气体，且有随深度增大而增加的趋势，表明了深部热成因气对天然气水合物成藏的贡献。GMGS 3

天然气水合物取心站位所有层段气体样品均以甲烷占绝对优势，甲烷含量在烃类气体中均高于 93.5%。但在 W11、W17、W18、W19 等井中还检测到含量相对较高的乙烷和丙烷，甚至是丁烷和戊烷，这与 GMGS1 钻探区天然气水合物气体组成有较大区别。GMGS 1 气体中乙烷和丙烷等重烃含量极低，甲烷含量占绝对优势（黄霞等，2010）。GMGS 4 航次在神狐海域钻探站位，所获天然气水合物气体样品也与 GMGS 3 航次类似，进一步证实了深部热成因气对天然气水合物成藏的贡献。

　　神狐海域所在的白云凹陷本身具有热成因天然气和生物成因天然气烃源基础。珠江口盆地白云凹陷-番禺低隆起常规油气勘探证实，番禺低隆起的烃类气主要为成熟气，具有油型气和煤成气的混合成因特征，且以煤成气为主。其主力气源岩为白云凹陷 II 2-III 型干酪根有机质的恩平组泥岩，次要气源岩为白云凹陷 I - II 1 型干酪根有机质的文昌组泥岩。与神狐天然气水合物钻探区临近的 PY29-1，PY30-1、PY34-1 等油气田钻井，证实了其油气来源于白云凹陷古近纪及始新统烃源岩，证明白云凹陷生成的大量油气向凹陷北坡及番禺低隆起发生了运移并聚集成藏。根据神狐海域天然气水合物与邻区常规天然气田气体同位素对比结果(图 7-2)，结合前人在白云凹陷的烃源对比工作，认为神狐海域天然气水合物中的生物成因气应来自中新统及上部未熟-低熟烃源岩生成的微生物成因气，而热成因气很可能主要来源于渐新统恩平组和始新统文昌组的湖相烃源岩或煤系地层。白云凹陷深部的成熟油气及中浅层的微生物成因气可以通过高角度断层、泥底辟及气烟囱垂向通道向天然气水合物稳定带运移聚集。因此，我们认为神狐海域天然气水合物热成因气源与白云凹陷深部古近纪气藏气源供给相同，即天然气水合物与常规油气

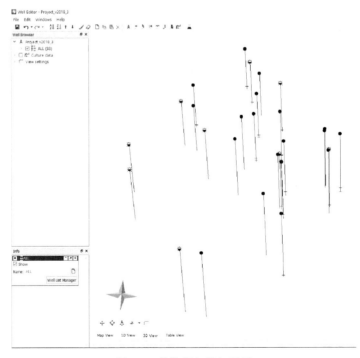

图 7-2　井数据加载与显示

藏烃源供给具有"同源"的特征，均来自始新统文昌组的过成熟天然气或渐新统恩平组的成熟-高成熟天然气。

7.2　模型建立与参数选取

本次使用的是盆地模拟软件 PetroMod。PetorMod 软件是专业含油气系统模拟软件，在 PetorMod 2012 版加入了天然气水合物成藏模拟功能，其模拟过程不仅考虑了深部热解气和浅部生物气的贡献，也考虑了天然气水合物各成藏要素与作用过程在时空中的配置关系，能够实现对构造演化、生烃演化、储层演化、温压场演化、烃气运聚成藏等过程的成藏模拟研究。

本次以神狐海域详查区三维地震最新解释成果为基础，结合实钻井资料数据和相关测试分析数据，建立三维精细地质模型。

7.2.1　数据处理

三维模型的建立需要多种数据，如地震解释的层位、断层数据，井数据及其他各类测试分析数据。首先，将研究区范围内的 33 口钻井数据导入盆地模拟软件工区(图 7-2)，包括井位坐标和分层数据。根据测井解释的天然气水合物和游离气成果，将二者的顶、底面数据输入工区数据库，作为对模拟结果的标定数据。

原始解释的地震层位成果为时间域数据，在时-深转换前，需要对层位成果进行质量检查。三维层位解释成果包括了从海底 $T_0 \sim T_7$，共计 8 个层位数据文件(图 7-3)。其中，恩平组(顶面为 T_6)和文昌组(顶面为 T_7)为神狐海域两套重要的烃源岩。

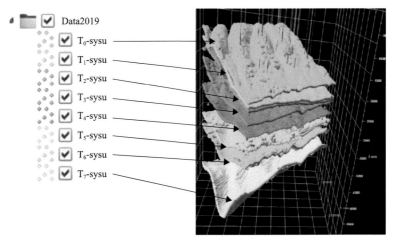

图 7-3　层位解释成果(时间域)

在层位处理的基础上，重点对断层数据进行了处理、筛选。本次共解释了 13 个断层，5 个数据(sysu-f03、sysu-f06、sysu-f20、sysu-f21、sysu-f24)包括了多个断层面，这些断层文件需要重新处理，将单个断层分开，才能使用(图 7-4)。除这 5 个文件外，两个文件

sysu-f02、sysu-f08 切 T_{70} 层位，为建模的主要断层。

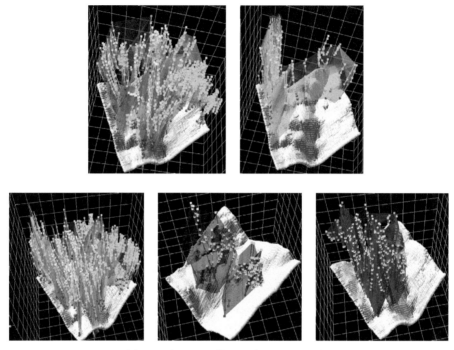

图 7-4 断层解释数据三维显示(时间域)

在对地震解释数据层位和断层处理的基础上，对时间域成果进行时深转换，使用了评价区时-深转换公式对所有解释层位和断层进行了时-深转换，得到构造建模所需要的层位、断层深度数据文件(图 7-5、图 7-6)。

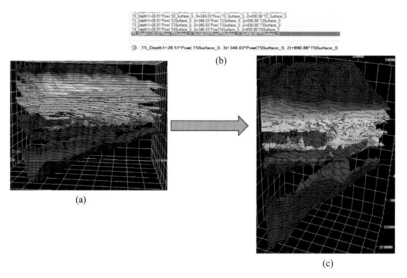

图 7-5 层位时-深转换

(a)时间域层位；(b)转换公式；(c)深度域层位

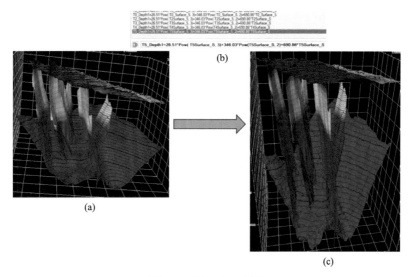

图 7-6　构造时-深转换

(a)时间域断层；(b)转换公式；(c)深度域断层

7.2.2　构造模型建立

根据研究成果，除断层外，泥底辟构造也是深层气垂向运移的主要通道，因此本次将解释的 4 个泥底辟构造加入构造模型中(图 7-7)，因此构造模型包括了层位、断层和泥底辟。

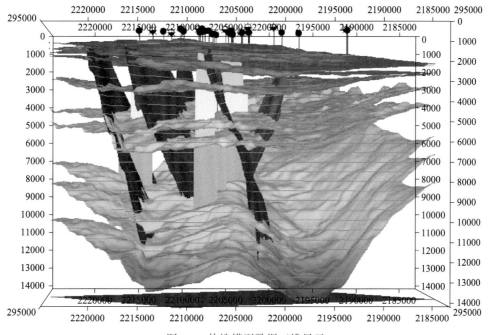

图 7-7　构造模型数据三维显示

参照白云凹陷地质时代表(图 7-1),设置各地层的地质时间,从而最终建立神狐海域评价区的三维构造精细模型(图 7-8)。

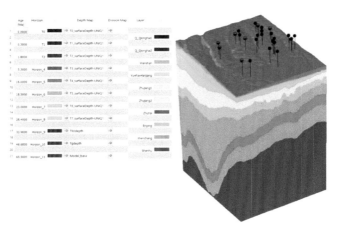

图 7-8　神狐海域评价区含油气系统三维构造精细模型

7.2.3　参数选取

在构造模型的基础上,需要设置模型参数,包括岩性、岩相、烃源岩、断层及边界条件,如热流、水深、温度等参数。

1. 岩性/相设置

岩性属性是非常重要的参数,其不仅影响气的储集,同时也会影响气的运移。研究区天然气水合物主要发育层段均为浅层,岩性差别不大,均为粉砂岩。根据测井解释泥质含量的差异,可以分为以下三种岩性(表 7-2):粉砂岩(泥质含量小于 15%)、含泥粉砂岩(泥质含量 15%~30%)及泥质粉砂岩(泥质含量大于 30%)。

表 7-2　测井岩性解释统计表

地层深度/m	泥质含量/%	岩性
10.021	17	含泥粉砂岩
11.021	10	粉砂岩
12.021	18	含泥粉砂岩
13.021	19	含泥粉砂岩
14.021	18	含泥粉砂岩
15.021	16	含泥粉砂岩
16.021	29	含泥粉砂岩
17.021	31	泥质粉砂岩
18.021	25	含泥粉砂岩
19.021	30	泥质粉砂岩
20.021	33	泥质粉砂岩

针对不同的岩性，分别统计其孔隙度，建立深度与孔隙度之间的关系。据此来修订不同层位不同岩性的压实曲线。根据实测测井曲线成果，将浅层(万山组—第四系)岩性设置为粉砂岩和泥岩两类，细分为含天然气水合物和不含天然气水合物两种类型，使用实测孔隙度进行校准(图 7-9)。

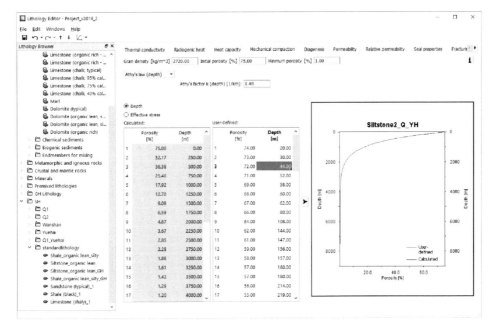

图 7-9　岩性压实曲线校正

在岩性定义的基础上，根据实测井数据和岩相平面成果图，分别建立了万山组和第四系上、下三层岩相图。

对于非天然气水合物发育层段(粤海组之下)，根据珠江口盆地(东部)地层柱状图来设置岩性，主要包括砂岩和泥岩，局部发育灰岩。从标准岩性库中选取砂岩、泥岩和灰岩三种不同岩性，赋给相应地层(图 7-10)。在模型中，最下部为基底，神狐组；上部文昌组、恩平组、珠海组、珠江组为砂泥岩地层，粤海组—韩江组局部发育碳酸盐岩。

2. 烃源岩参数设置

烃源岩的参数设置主要参考前期调研的研究成果。神狐钻探区取得的岩心分析数据表明，本区浅层微生物成因气源岩有机质丰度较高，可以成为有效的微生物成因气源岩。分析结果表明，SH1B、SH2B、SH5C 和 SH7B 等钻孔总有机碳平均值差异不大，为 0.64%～0.97%，最大值达 1.73%，最小值达 0.29%(苏不波等，2014a)。前人研究成果显示，恩平组 TOC 平均值为 2.19%，HI 平均值为 157.4mg/g；文昌组 TOC 平均值为 2.94%，HI 平均值为 483.4mg/g(苏不波等，2011)。基于此，模型烃源岩参数设置如表 7-3 所示。

对于生烃模型，深层热成因生烃模型，参考珠江口盆地文昌组和恩平组烃源岩参数，文昌组选取 II 型干酪根模型，恩平组选取 III 型干酪根模型。对于浅层微生物成因气生烃模型，其与温度有关，根据对评价区沉积物不同温度下的产气模拟实验，生烃主峰温度为 34℃（图 7-11）。

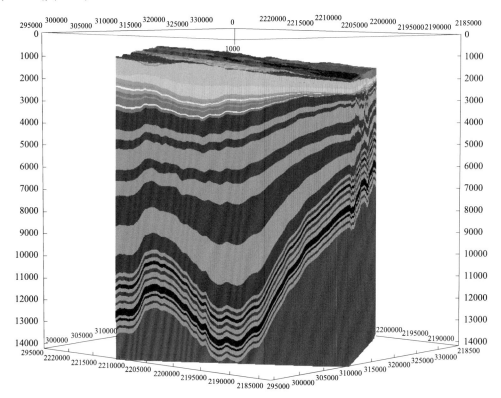

图 7-10 神狐海域天然气水合物含油气系统三维岩性精细模型

表 7-3 神狐地区烃源岩参数设置表

名称	颜色	岩性	动力学	TOC/%	HI/(mgHC/gTOC)	含油气系统要素
第四系		粉砂岩	微生物生气反应	0.80	161.00	源岩
万山组		泥岩	微生物生气反应	0.86	161.00	
粤海组		泥岩	微生物生气反应	0.88	161.00	
韩江组		泥岩	微生物生气反应	0.97	161.00	
恩平组		泥岩(富有机质)	热解生气反应	2.19	157.40	源岩
文昌组		泥岩(富有机质)	热解生气反应	2.94	483.40	源岩

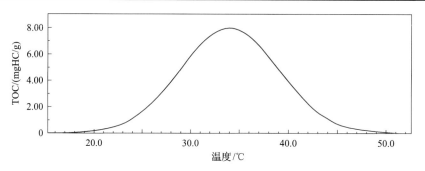

图 7-11 神狐海域先导区浅层微生物成因气生烃模型

3. 断层/泥底辟参数设置

断层参数依据地质分析情况设置(表 7-4)。

表 7-4　神狐先导试验区断层及泥底辟活动性参数设置

断层名称	开始时间/Ma	结束时间/Ma	类型
F1	23.0000	0.0000	开启
F2	23.0000	0.0000	开启
F3	23.0000	0.0000	开启
F4	23.0000	0.0000	开启
泥底辟	11.6000	0.0000	开启

4. 模型边界条件参数设置

模型的边界条件指模型的底面与顶面边界上的参数,底面为基底热流,即热量从下向上传输的速度;顶面为沉积物表面温度,如果在水下,为沉积物顶面与水接触面的温度,如果在海平面之上,则为地表温度模型的边界条件。

水深对于天然气水合物发育的必要条件之一,压力有重要影响。根据吴伟中等(2013)研究成果(珠江口盆地白云凹陷沉积演化模式与油气成藏关系探讨),珠江口盆地的古水深变化如表 7-5。

表 7-5　珠江口盆地古水深表

盆地		古水深/m					
		神狐组	文昌组	恩平组	珠海—珠江组	韩江组	粤海组—第四系
珠江口盆地	珠一凹陷	0~15	10~100	10~50	0~50	20~200	30~150
	珠二凹陷	0~20	10~100	10~50	0~50	20~200	200~1300
	珠三凹陷	0~15	10~100	10~50	0~50	20~200	30~150

白云凹陷位于珠二拗陷,根据表 7-5 珠二凹陷水深变化数据,结合现今水深,形成关键地质时期的古水深平面图(图 7-12)。从水深变化可以看出,神狐海域评价区从古至今总体上经历了由浅变深的变化。

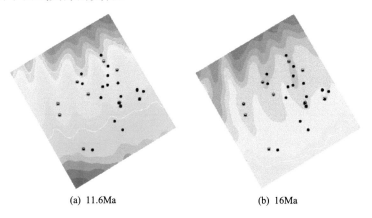

(a) 11.6Ma　　　　　　　　　　(b) 16Ma

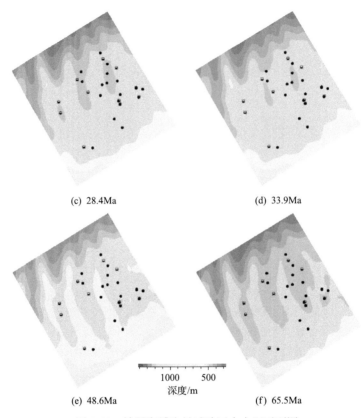

(c) 28.4Ma　　　　　　　　　(d) 33.9Ma

(e) 48.6Ma　　　　　　　　　(f) 65.5Ma

图 7-12　神狐海域先导试验区古水深平面图

热流参数主要参考张功成等(2014)成果(白云凹陷—珠江口盆地深水区一个巨大的富生气凹陷)和多井单井热流演化曲线(图 7-13)。

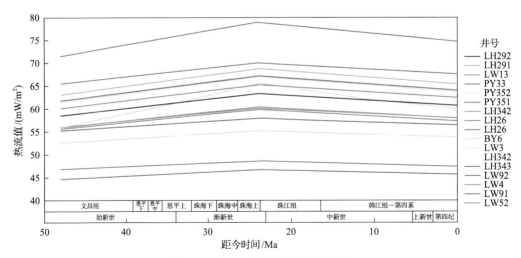

图 7-13　白云凹陷单井热流演化曲线

从众多单井热流演化曲线中，选取了最高、最低和中间共计 3 种热流演化曲线，作为模型的基础数据（表 7-6），供模拟时选取，根据标定数据来选取合适的热流演化曲线。

表 7-6 热流演化曲线

	年代/Ma	热流密度/(mW/m^2)
PY33	0	73
	10	74
	20	76
	25	78
	30	75
	40	73
	50	71
LW52	0	66
	25	68
	50	65
LW91	0	56
	25	58
	50	55
LW13	0	46
	25	47
	50	45

地表温度根据 Wygrala（1988）全球海平面平均温度模型，根据各时期古水深换算而得。输入神狐海域先导实验区的纬度位置（北半球东亚区 51 度），从 PetroMod 软件中的全球温度演化库，自动生成温度演化曲线；根据古水深图，形成关键地质时期的海底温度平面图（图 7-14）。

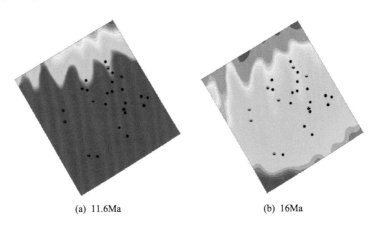

(a) 11.6Ma   (b) 16Ma

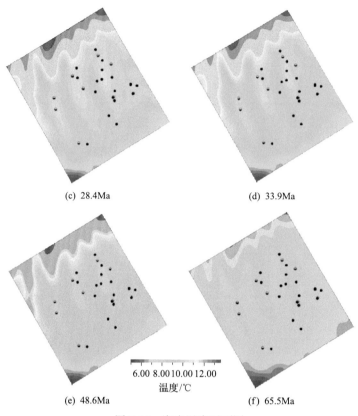

(c) 28.4Ma   (d) 33.9Ma

6.00 8.0010.00 12.00
温度/℃

(e) 48.6Ma   (f) 65.5Ma

图 7-14   海底温度平面图

7.3   资源量模拟结果

在烃源岩生烃和油气运聚模拟的基础上，结合天然气水合物稳定带成果，可以对天然气水合物的聚集进行模拟。鉴于天然气水合物的特殊性，其厚度相对较小，因此对于常规含油气系统模型，需要对潜在的天然气水合物聚集层段进行细分(图 7-15)，才能准确地模拟天然气水合物的聚集，计算天然气水合物的资源量。

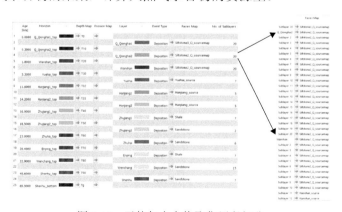

图 7-15   天然气水合物聚集层段细分

7.3.1　天然气水合物聚集演化史

在模型细化的基础上，同时开展温压、天然气水合物稳定带、生烃、运移和聚集(常规油气与天然气水合物)的模拟，得到天然气水合物聚集演化历史。天然气水合物的形成由温压带演化和气运移两方面因素控制。距今 11.6Ma，韩江组沉积时期，天然气水合物开始在中部地区形成(图 7-16)。

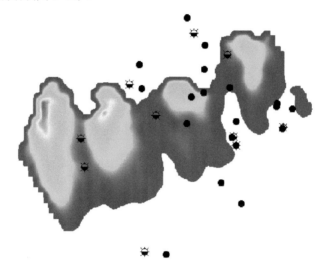

图 7-16　神狐海域天然气水合物平面分布演化图(距今 11.6Ma)

距今 5.3Ma，粤海组沉积时期，中部地区天然气水合物范围变小，向北迁移，南部地区形成零星天然气水合物(图 7-17)。

图 7-17　神狐海域天然气水合物平面分布演化图(距今 5.3Ma)

距今 1.8Ma，万山组沉积时期，北部三个构造脊均有天然气水合物形成，东部地区在北部和东南形成两片天然气水合物发育区(图 7-18)。

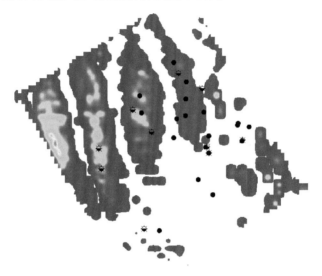

图 7-18　神狐海域天然气水合物平面分布演化图(距今 1.8Ma)

现今天然气水合物分布范围，除构造脊间沟外，大部分地区均发育天然气水合物，中部和东部天然气水合物量大(图 7-19)。

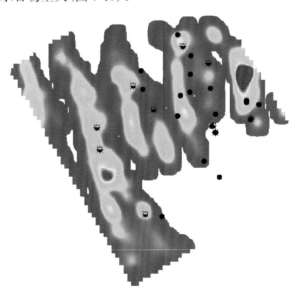

图 7-19　神狐海域天然气水合物平面分布演化图(现今)

7.3.2　天然气水合物中甲烷气源分析

在天然气水合物中甲烷资源量计算的基础上，可以区分天然气水合物甲烷的气源。在设置模型烃源岩定义时，分别定义了浅层微生物成因气和深层热成因气，并区分恩平组烃源岩(methane_EP)和文昌组烃源岩(methane_WC)生成的甲烷。这样模拟完后，就可以得到浅层甲烷来源及比例。模拟表明，万山组天然气水合物成藏气体来源于浅层微生物成因气的比例为 94.93%，恩平组气为 4.23%，而文昌组气仅 0.84%。琼海组天然气水合物成藏气体来源浅层微生物成因气比例为 92.15%，恩平组气为 6.90%，而文昌组气为0.95%，说明天然气水合物气源主要来自于浅层微生物成因气。从平面上展示每个模型单元格的气源，从图 7-20 可以看出，大部分天然气水合物中的甲烷来自于浅层微生物成因气源；仅东南部地区天然气水合物中少部分(3%)甲烷主要来自于深层热成因气，热成因气以恩平组来源为主，其次为文昌组(图 7-21)。

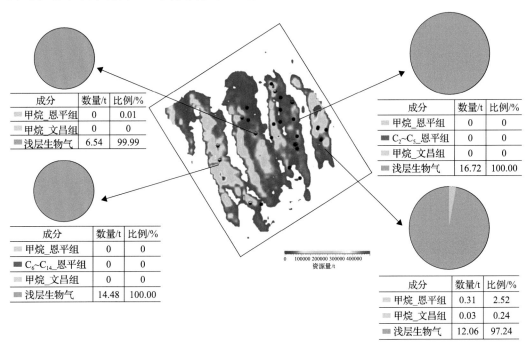

成分	数量/t	比例/%
甲烷_恩平组	0	0.01
甲烷_文昌组	0	0
浅层生物气	6.54	99.99

成分	数量/t	比例/%
甲烷_恩平组	0	0
C_2~C_5_恩平组	0	0
甲烷_文昌组	0	0
浅层生物气	16.72	100.00

成分	数量/t	比例/%
甲烷_恩平组	0	0
C_6~C_{14}_恩平组	0	0
甲烷_文昌组	0	0
浅层生物气	14.48	100.00

成分	数量/t	比例/%
甲烷_恩平组	0.31	2.52
甲烷_文昌组	0.03	0.24
浅层生物气	12.06	97.24

0　100000　200000　300000　400000
资源量/t

图 7-20　天然气水合物中甲烷气源分析

分析神狐海域评价区天然气水合物成藏气体来源，需要结合稳定带的形成时间和气的主要运聚时期。从天然气水合物稳定带演化可知，稳定带形成于 14Ma 之后，至 5.3Ma由南向北推进至中部地区，1.8Ma 万山组沉积时期遍布全区。而深层热成因烃源岩文昌组在 5.3Ma 生烃基本结束，恩平组烃源岩在 1.8Ma 也基本结束。深层热成因气的主要运聚期与浅层天然气水合物稳定带的形成时间不匹配，这是现今天然气水合物中甲烷主要气源为浅层微生物成因气的主要原因之一。虽然有断层和泥底辟构造作为气垂向运移通道，但大部分运移上来的气或在浅层聚集成常规气藏，或运移至海底逸散。恩平组深层烃源岩虽然生烃接近末期，但其构造西低东高，晚期生成的气横向运移至东部，沿东南部泥底辟运移通道运移至浅层，再沿地层由南向北，横向运移，与浅层微生物成因气一起形成天然气水合(图 7-22)。浅层微生物成因气的生烃高峰与稳定带的形成时间匹配得较好，成为天然气水合物的主要气源。

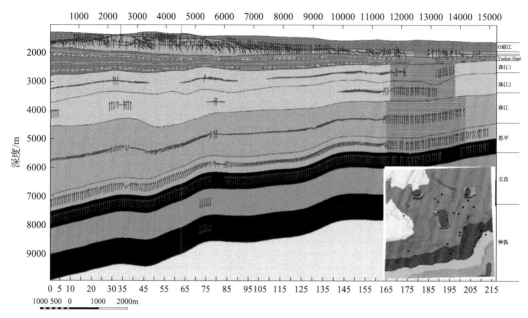

图 7-21　热成因气垂向运移剖面图

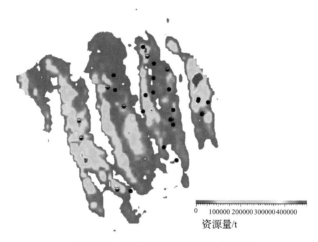

图 7-22　天然气水合物聚集成果图

7.3.3　天然气水合物中甲烷资源量

在天然气水合物形成演化的基础上，可以计算天然气水合物中天然气资源量。模拟现今天然气水合物中天然气资源量为 1.6×10^8t，折算地表天然气资源量 2116×10^8m^3（图 7-20）。

参 考 文 献

陈多福, 李绪宣, 夏斌. 2004. 南海琼东南盆地天然气水合物稳定域分布特征及资源预测. 地球物理学报, 47(3): 483-489.

陈忠, 黄奇瑜, 颜文, 等. 2007. 南海西沙海槽的碳酸盐结壳及其对甲烷冷泉活动的指示意义. 热带海洋学报, (2): 26-33.

陈忠, 杨华平, 黄奇瑜, 等. 2008. 南海东沙西南海域冷泉碳酸盐岩特征及其意义. 现代地质, (3): 382-389.

戴金星, 夏新宇, 卫延召. 2001. 中国天然气资源及前景分析——兼论"西气东输"的储量保证. 石油与天然气地质, (1): 1-8.

樊栓狮, 陈玉娟, 郎雪梅. 2009. 韩国天然气水合物研究开发思路及对我国的启示. 中外能源, 14(10): 20-25.

冯文科, 薛万俊, 杨达源, 等. 1988. 南海北部晚第四纪地质环境. 广东科技出版社: 190-191.

何家雄. 2008. 南海北部边缘盆地油气地质及资源前景. 北京: 石油工业出版社.

何家雄, 刘全稳. 2004. 南海北部大陆架边缘盆地 CO_2 成因和运聚规律的分析与预测. 天然气地球科学, (1): 12-19.

何家雄, 陈胜红, 刘士林, 等. 2008. 南海北缘珠江口盆地油气资源前景及有利勘探方向(为庆祝新疆油田勘探开发研究院成立 50 周年而作). 新疆石油地质, (4): 59-63.

何家雄, 祝有海, 马文宏, 等. 2011. 南海北部边缘盆地 N 分布富集特征及成因类型判识. 天然气地球科学, 22(3): 440-449.

何家雄, 陈胜红, 马文宏, 等. 2012. 南海东北部珠江口盆地成生演化与油气运聚成藏规律. 中国地质, 039(1): 106-118.

何丽娟, 熊亮萍, 汪集旸. 1998. 南海盆地地热特征. 中国海上油气, 12(2): 87-90.

黄霞, 祝有海. 2010. 神狐海域水合物调查研究区天然气水合物烃类气体来源研究——与邻区 LW3-1-1 井烃类气体地球化学特征对比研究. 矿床地质, 29(S1): 1045-1046.

黄永样, 张光学. 2009. 我国海域天然气水合物地质——地球物理特征及前景. 北京: 地质出版社,

雷怀彦, 郑艳红. 2001. 印度国家天然气水合物研究计划. 天然气地球科学, 12(2): 54-62.

梁金强, 张光学, 陆敬安. 2016. 南海东北部陆坡天然气水合物富集特征及成因模式. 天然气工业, 36(10): 157-162.

卢振权, 祝有海, 张永勤, 等. 2010. 青海省祁连山冻土区天然气水合物存在的主要证据. 现代地质, (2): 137-144.

陆敬安, 杨胜雄, 张光学, 等. 2010. 神狐海域天然气水合物测井与评价// 2010 海峡两岸天然气水合物学术交流会, 青岛.

吕万军. 2004. 天然气水合物形成条件与成藏过程——理论、实验与模拟. 广州: 中国科学院广州地球化学研究所博士后出站报告.

宋海斌, 松林修. 2001. 日本的天然气水合物地质调查工作. 天然气地球科学, 12(1-2): 46-53.

苏丕波, 雷怀彦, 梁金强, 等. 2010a. 南海北部天然气水合物成矿区的地球物理异常特征. 新疆石油地质, 31(5): 485-488.

苏丕波, 雷怀彦, 梁金强, 等. 2010b. 神狐海域气源特征及其对天然气水合物成藏的指示意义. 天然气工业, 30(10): 103-108, 127-128.

苏丕波, 梁金强, 沙志彬, 等. 2011. 南海北部神狐海域天然气水合物成藏动力学模拟. 石油学报, 32(2): 226-233.

苏丕波, 梁金强, 沙志彬, 等. 2014a. 神狐深水海域天然气水合物成藏的气源条件. 西南石油大学学报(自然科学版), 36(2): 1-8.

苏丕波, 乔少华, 常少英, 等. 2014b. 南海北部琼东南盆地天然气水合物成藏数值模拟. 天然气地球科学, 25(7): 1111-1119.

苏丕波, 沙志彬, 常少英, 等. 2014c. 珠江口盆地东部海域天然气水合物的成藏地质模式. 天然气工业, 34(6): 162-168.

苏丕波, 梁金强, 张子健, 等. 2017. 神狐海域扩散型水合物在地震反射剖面上的"亮点"与"暗点"分析. 地学前缘, 24(4): 51-56.

唐金荣, 苏新, 许振强, 等. 2011. 国际天然气水合物勘查开发研究新进展. 第七届爱丁堡国际天然气水合物大会特邀报告综述, 30(12): 1927-1933.

唐仲华, 陈崇希. 1991. 求解地下水不稳定流问题的拉普拉斯变换有限元方法. 湘潭矿业学院学报, 7(2): 123-129.

王力峰, 邓希光, 沙志彬, 等. 2013. 南极陆缘热流分布与天然气水合物资源量研究. 极低研究, 25(3): 241-248.

吴能友, 杨胜雄, 王宏斌, 等. 2009. 南海北部陆坡神狐海域天然气水合物成藏的流体运移体系. 地球物理学报, 52(6): 1641-1650.

吴伟中, 夏斌, 姜正龙, 等. 2013. 珠江口盆地白云凹陷沉积演化模式与油气成藏关系探讨. 沉积与特提斯地质, 33(1): 9.

许东禹, 刘锡清, 张训华, 等. 1997. 中国近海地质. 北京: 地质出版社.

许东禹, 吴必豪, 陈邦彦. 2000. 海底天然气水合物的识别标志和探测技术. 海洋石油, 4: 1-28.

闫桂京, 吴志强, 于常青, 等. 2006. 含天然气水合物沉积层的孔隙度特征及其反演方法. 海洋地质动态, (12): 17-19.

杨明清, 赵佳伊, 王倩. 2018. 俄罗斯可燃冰开发现状及未来发展. 石油钻采工艺, 40(2): 198-204.

于常青. 2005. 鄂北地区储层地球物理联合反演技术. 北京: 中国地质大学(北京).

张功成, 杨海长, 陈莹, 等. 2014. 白云凹陷——珠江口盆地深水区一个巨大的富生气凹陷. 天然气工业, 34(11): 15.

张光学, 陈邦彦. 2000. 南海甲烷水合物资源研究与找矿前景. 海洋地质, 3: 1-9.

张光学, 祝有海, 徐华宁. 2003. 非活动大陆边缘的天然气水合物及其成藏过程述评. 地质论评, (2): 181-186.

张光学, 祝有海, 梁金强, 等. 2006. 构造控型天然气水合物矿藏及其特征. 现代地质, 20(4): 605-612.

张洪涛, 张海启, 祝有海. 2007. 中国天然气水合物调查研究现状及其进展. 中国地质, 34(6): 953-996.

张树林. 2007. 珠江口盆地白云凹陷天然气水合物成藏条件及资源量前景. 中国石油勘探, (6): 23-27, 75-76.

张涛, 冉皞, 徐晶晶, 等. 2021. 日本天然气水合物研发进展与技术方向. 地球学报, 42(2): 196-202.

张卫东, 刘永军, 任韶然, 等. 2008. 水合物沉积层声波速度模型. 中国石油大学学报(自然科学版), (4): 60-63.

郑军卫. 1998. 印度实施天然气水合物勘探计划. 天然气地球科学, 9: 3-4.

周立君. 2001. 加拿大的气体水合物的分布和储量. 海洋地质动态, 8: 10.

祝有海, 张永勤, 文怀军, 等. 2009. 青海祁连山冻土区发现天然气水合物. 地质学报, 83(11): 1762-1771.

祝有海, 张永勤, 文怀军. 2011. 祁连山冻土区天然气水合物科学钻探工程概况. 地质通报, 30(12): 1816-1822.

左汝强, 李艺. 2017. 日本南海海槽天然气水合物取样调查与成功试采. 探矿工程(岩土钻掘工程), 44(12): 1-20.

Andreassen K, Hansen T. 1995. Inferred gas hydrates offshore Norway and Svalbard. Norwegian Journal of Geology, 45: 10-34.

Arato H, Takano O. 1995. Significance of sequence stratigraphy in petroleum exploration. The Memoirs of the Geological Society of Japan, 45: 43-60.

Bai Y G, Booth D T, Romo J T. 1998. Winterfat (Eurotia lanata(Pursh)Moq.) Seedbed ecology: Low temperature exotherms and cold hardiness in hydrated seeds as influenced by imbibition temperature . Annals of Botany, 81(5): 595-602.

Barry J P, Greene H G, Orange D L, et al. 1996. Biologic and geologic characteristics of cold seeps in Monterey Bay, California. Deep-Sea Research I, 43(11-12): 1757-1762.

Ben-Avraham Z, Smith G , Reshef M, et al. 2002. Gas hydrate and mud volcanoes on the southwest African continental margin off South Africa. Geology, 30(10):927-930.

Bethke C M, Marshak S. 1990. Brine migrations across North America—the plate tectonics of groundwater. Annual Review of Earth and Planetary Sciences, 18(1): 287-315.

Biastoch A, Treude T, Rupke L H. 2011. Rising Arctic ocean temperatures cause gas hydrate destabilization and ocean acidification. Geophysical Research Letters, 38(8): 25-36.

Bo Y Y, Lee G H, Kang N K, et al. 2018. Deterministic estimation of gas-hydrate resource volume in a small area of the Ulleung Basin, East Sea(Japan Sea)from rock physics modeling and pre-stack inversion. Marine and Petroleum Geology, 92: 597-608.

Bogoyavlensky V,Kishankov A,Yanchevskaya A,et al. 2018.Forecast of Gas Hydrates Distribution Zones in the Arctic Ocean and Adjacent Offshore Areas. Geosciences, 8(12): 453.

Bohrmann G, Kuhs W F, Klapp S A, et al. 2007. Appearance and preservation of natural gas hydrate from Hydrate Ridge sampled during ODP Leg 204 drilling. Marine Geology, 244(1-4): 1-14.

Boone D R, et al. 1993. Isolation and characterization of *Methanohalophilus portucalensis* sp. nov. and DNA reassociation study of the genus *Methanohalophilus*. International Journal of Systematic Bacteriology, 43(3):431.

Borowski W S, Paull C K, Iii W U. 1999. Global and local variations of interstitial sulfate gradients in deep-water, continental margin sediments: Sensitivity to underlying methane and gas hydrates. Marine Geology, 159(1-4):131-154.

Boswell R.2007. Exploration priorities for marine gas hydrate resources. Fire in the Ice Spring/summer, 4(1):13-24.

Boswell R.2011.Subsea gas hydrates offer huge deep water energy potential. Offshore, 71(2): 76,78.

Brooks J M, Cox H B , Bryant W R, et al. 1986. Association of gas hydrates and oil seepage in the Gulf of Mexico. Organic

Geochemistry, 10: 221-234.

Brooks J M, Field M E, Kennicutt M C. 1991. Observations of gas hydrates in marine sediments, offshore northern California. Marine Geology, 96(1-2): 103-109.

Burwicz E B, Rüpke L H, Wallmann K. 2011. Estimation of the global amount of submarine gas hydrates formed via microbial methane formation based on numerical reaction-transport modeling and a novel parameterization of Holocene sedimentation. Geochimica Et Cosmochimica Acta, 75(16): 4562-4576.

Carlson P R, Golan-Bac M, Karl H A, et al. 1985.Seismic and geochemical evidence for shallow gas in sediment on Navarin continental margin, Bering Sea. AAPG Bulletin, 69(3): 422-436.

Charlou J, Donval J, Ondreas H, et al. 2004. Compared chemistry of natural gas hydrates from different oceanic environments. AGU Fall Meeting Abstracts, OS33A-1324.

Cherskiy N V, Tsarev V P. 1977. Evaluation of the reserves in the light of search and prospecting of natural gases from the bottom sediments of the world's ocean. Geologiyai Geofizika, 5: 21-31.

Cherskiy N V, Tsarev V P, Nikitin S P. 1984. Investigation and prediction of conditions of accumulation of gas resources in gas-hydrate pools (Northeast USSR and Kamchatka). Petroleum Geology, 21(2): 84-89.

Clennell M B, Henry P, Hovland M , et al. 1999. Formation of natural gas hydrates in marine sediments: 1. Conceptual model of gas hydrate growth conditioned by host sediment properties. Annals of the New York Academy of Sciences, 104(1): 22985-23003.

Collett T S. 1988. Geologic Inter-relations relative to gas hydrates within the North Slope of Alaska. US Department of Energy Open-File Report.

Collett T S. 1993. Natural gas production from Arctic gas hydrates. United States Geological Survey, Professional Paper; (United States), 1570.

Collett T S. 1997. Gas hydrate resources of Northern Alaska. Bulletin of Canadian Petroleum Geology. 45(3): 317-338.

Collett T S. 2002. Energy resource potential of natural gas hydrates. AAPG Bulletin, 86(11): 1971-1992.

Collett T S, Ladd J. 2000. Detection of gas hydrate with downhole logs and assessment of gas hydrate concentrations and gas volumes on the Blake Ridge with electrical resistivity log data//Proceedings of the Ocean Drilling Program: Scientific Results, 164: 179-191.

Collett T S, Dallimore S R. 2002. Integrated well log and reflection seismic analysis of gas hydrate accumulations on Richards Island in the Mackenzie Delta, NWT, Canada. CSEG Recorder, 27(10): 28-40.

Collett T S, Riedel M, Cochran J R, et al. 2008. Gas hydrate exploration activities in Korea//The 6th international conference on gas hydrates, Vancouver.

Cox J L. 1983. Natural Gas Hydrates:Properties,Occurrence and Recovery. Boston: Butterworth, USA.

Dallimore S R. 1999. Regional gas hydrate occurrences, permafrost conditions, and Cenozoic geology, MacKenzie Delta area. Bulletin of the Geological Survey of Canada, (544): 31-43.

Dallimore S R, Collett T S.2005.Scientific Results from the Mallik 2002 Gas Hydrate Production Research Well Program, Mackenzie Delta, Northwest Territories, Canada. Vancouver: Geological Survey of Canada Bulletin.

Davie M K, Buffett B A. 2001.A numerical model for the formation of gas hydrate below the seafloor. Journal of Geophysical Research Solid Earth, 106(B1): 497-514.

Diaconescu C, Knapp J. 2009.Buried gas hydrates in the deepwater of the south caspian sea, azerbaijan: Implications for geo-hazards. Energy Exploration & Exploitation, 18(4): 385-400.

Dillon W P. 1983. Marine gas hydrates, Ⅱ Geophysical evidence// Cox J L. Natural Gas Hydrates: Properties, Occurrence and Recovery. Boston: Butterworth.

Dillon W P, Lee M W, Fehlhaber K, et al. 1991. Estimation of amounts of gas hydrate in marine sediments using amplitude reduction of seismic reflections. Journal of the Acoustical Society of America, 89(4B): 1853.

Dobrynin V W. 1981. Gas hydrates, a possible energy resources. Long-term Energy Resources, 1: 727-729.

Duan Z, Møller N, Weare J H .1992.An equation of state for the CH_4-CO_2-H_2O system: Ⅱ. Mixtures from 50 to 1000℃ and 0 to

1000 bar . Geochimica Et Cosmochimica Acta, 56 (7): 2619-2631.

Duan Z, Møller N, Weare J H.1992. An equation of state for the CH_4-CO_2-H_2O system: Ⅰ. Pure systems from 0 to 1000℃ and 0 to 8000 bar. Geochimica et Cosmochimica acta, 56 (7): 2605-2617.

Dvorkin J, Helgerud M B, Waite W F, et al. 2000. Introduction to physical properties and elasticity models//Max M D. Natural Gas Hydrate. Coastal System and Continental Margins, Vol 5. Dordrecht: Springer.

Edwards H G M, Lawson E, De Matas M, et al. 1997. Metamorphosis of caffeine hydrate and anhydrous caffeine. Journal of the Chemical Society, Perkin Transactions, 2 (10): 1985-1990.

Egeberg P K, Barth T. 1998. Contribution of dissolved organic species to the carbon and energy budgets of hydrate bearing deep sea sediments (Ocean Drilling Program Site 997 Blake Ridge), 149 (1-2): 0-35.

Egeberg P K, Dickens G R. 1999. Thermodynamic and pore water halogen constraints on gas hydrate distribution at ODP Site 997 (Blake Ridge). Chemical Geology, 153 (1-4): 53-79.

Englezos P, Bishnoi P R. 1988. Prediction of gas hydrate formation conditions in aqueous electrolyte solutions. AIChE journal, 34 (10): 1718-1721.

Ferdelman T G, Lee C, Pantoja S, et al. 1997. Sulfate reduction and methanogenesis in a Thioploca-dominated sediment off the coast of Chile. Geochimica et Cosmochimica Acta, 61 (15): 3065-3079.

Finley P D, Krason J. 1988. Basin analysis, formation and stability of gas hydrates of the Beaufort Sea; geological evolution and analysis of confirmed or suspected gas hydrate localities: US Department of Energy. US Department of Energy publication, DOE/MC/21181–1950., 12, 212.

Fontana R L , Mussumeci A .1994. Hydrates Offshore Brazil. Annals of the New York Academy of Sciences, 715 (1): 106-113.

Fredrickson J K, Onstott T C. 1996. Microbes Deep Inside the Earth: Scientific American. October, 275 (4): 68-73.

Froelich P N, Kvenvolden K A, Torres M, et al. 1995. Geochemical evidence for gas hydrate in sediment near the Chile Triple Junction. Proceedings of the Ocean Drilling Program, Scientific Results, 141: 279-286.

Gay A, Lopez M, Cochonat P. 2006. Evidences of early to late fluid migration from an upper Miocene turbiditic channel revealed by 3D seismic coupled to geochemical sampling within seafloor pockmarks, Lower Congo Basin. Marine and Petroleum Geology, 23: 387-399.

Ginsburg G D, Soloviev V A. 1995.Submarine gas hydrate estimation: The Theoretical and empirical approaches// Proceedings of Offshore Technology Conference, Houston, 1: 513-518.

Ginsburg G D, Kremlev A N, Grigor M N, et al. 1990. Filtrogenic gas hydrates in the Black Sea (21st voyage of the research vessel Evpatoriya). Soviet Geology Geophysics, 31 (3): 8-16.

Ginsburg G D, Guseynov R A, Dadashev A A, et al. 1992. Gas hydrates of the southern Caspian. International Geology Review, 43: 765-782 .

Ginsburg G D, Soloviev V A, Cranston R E, et al. 1993. Gas hydrates from continental slope offshore from Sakhalin Island, Okhotsk Sea. Geo-Marine Letters, 13 (1): 41-48.

Ginsburg G D, Milkov A V, Solovier V A, et al. 1999. Gas hydrate accumulation at the Haåkon Mosby Mud Volcano. Geo-Marine Letters. 19: 57-67.

Ginsburg G D, Novozhilov A A, Duchkov A D, et al. 2000. Do natural gas hydrates exist in cenomanian strata of the Messoyakha gas field?. Geologiya i Geofizika, 41 (8): 1165-1177.

Gornitz V, Fung I. 1994.Potential distribution of methane hydrates in the world's oceans. Global Biogeochemical Cycles, 8: 335-347.

Handa Y P. 1986. Composition , enthalpy of dissociation , and heat capacities in the range 85 to 270K for clathrate hydrates of methane, ethane and propane ,and enthalpy of dissociation of isobutene hydrate , as determined by heat-flow calorimeter. The Journal of Chemical Thermodynamics , 18: 915-921.

Handa Y P.1988. A calorimetric study of naturally occurring gas hydrates. Industrial & Engineering Chemistry Research, 27 (5): 872-874.

Handa Y P , Stupin D Y. 1992.Thermodynamic properties and dissociation characteristics of methane and propane hydrates in

70-.ANG.-radius silica gel pores . The Journal of Physical Chemistry, 96(21): 8599-8603.

Harrison W E, Curiale J A. 1982. Gas hydrates in sediments of holes 497 and 498A, Deep Sea Drilling Project Leg 67//Aubouin J, von Huene R, et al. In Initial Reports of Deep Sea Drilling Project 67: 591-594.

Harvey L D D, Huang Z.1995. Evaluation of potential impact of methane clathrate destabilization on future global warming . Journal of Geophysical Research, 100: 2905-2926.

Holbrook W S, Hoskins H, Wood W T, et al. 1996. Methane hydrate and free gas on the Blake Ridge from vertical seismic profiling . Science, 273(5283): 1840-1843.

Holder G D, Manganiello D J. 1982.Hydrate dissociation pressure minima in multicomponent systems. Chemical Engineering Science, 37(1):9-16.

Holder G D, Hand J H. 1982. Experimental determination of dissociation pressures for hydrates of the *cis*- and *trans*-isomers of 2-butene below the ice temperature. The Journal of Chemical Thermodynamics, 14(12): 1119-1128.

Hyndman R D, Yuan T, Moran K. 1999. The concentration of deep sea gas hydrates from downhole electrical resistivity logs and laboratory data . Earth & Planetary Science Letters, 172(1-2): 167-177.

John V. 1983. Introduction to Engineering Materials. 2nd edition. London: Palgrave Macmillan.

Judge A. 1982. Natural gas hydrates in Canada. Proceedings of the 4th Canadian Permafrost Conference: 320-328.

Katz H R. 1981. Probable gas hydrate in continental slope east of the north island, New Zealand . Journal of Petroleum Geology, 3(3): 315-324.

Keun-Pil Park K P. 2008. Gas hydrate exploration activities in Korea//The 6th international conference on gas hydrates, Vancouver.

Killops S D, Massoud M S. 1992. Polycyclic aromatic hydrocarbons of pyrolytic origin in ancient sediments: Evidence for Jurassic vegetation fires . Organic Geochemistry, 18(1): 1-7.

Kinoshita M, Yamano M, Makita S. 1991. High heat flow anomaly around Hatsushima biological community in the western Sagami Bay, Japan. Journal of physics of the Earth, 39: 553-571.

Kopf A, Deyhle A, Zuleger E. 2000. Evidence for deep fluid circulation and gas hydrate dissociation using boron and boron isotopes of pore fluids in forearc sediments from Costa Rica (ODP Leg 170). Marine Geology, 167(1-2): 1-28.

Kotelnikova N E, Panarin E F, Zaikina N A, et al.1998. Cellulose materials modified by antiseptics and their antimicrobial properties. Polimery w medycynie, 28(3-4): 37-53.

Kretschmer K, Biastoch A, Rüpke Lars, et al. 2015. Modeling the fate of methane hydrates under global warming . Global Biogeochemical Cycles, 29(5): 610-625.

Kulm L D, Suess E. 1990. Relationship between carbonate deposits and fluid venting: Oregon accretionary prism. Journal of Geophysical Research, 95(B6): 8899-8915.

Kvenvolden K A. 1987. Gas hydrates Offshore Alaska and Western Continental United States. Bulletin of the Faculty of Engineering Hokkaido Universitys, 133-134(2): 15-24.

Kvenvolden K A.1988a. Methane hydrate: A major reservoir of carbon in the shallow geosphere. Chemical Geology, 71(1-3):41-51.

Kvenvolden K A. 1988b. Methane hydrates and global climate . Global Biogeochemical Cycles, 2(3): 221-229.

Kvenvolden K A. 1995. A review of the geochemistry of methane in natural gas hydrate. Organic Geochemistry, 23(11-12): 997-1008.

Kvenvolden K A, Claypool G E. 1988. Gas hydrates in oceanic sediment. U.S. Geological Survey: 88-216.

Kvenvolden K A, Ginsburg G D , Soloviev V A. 1993. Worldwide distribution of subaquatic gas hydrates. Geo-Marine Letters, 13(1):32-40.

Kvenvolden K A, Kastner M. 1990. Gas Hydrates of the Peruvian Outer Continental Margin. Proceedings of the Ocean Drilling Program, Scientific Results, 112:517-526.

Kvenvolden K A, Lorenson T D. 2001. The global occurrence of natural gas hydrate//Paull C K, Dillon W P, Natural gas hydrates: Occurrence, Distribution, and Detection. Washington, DC: American Geophysical Union: 3-18.

Kvenvolden K A, Mcmenamin M A.1980. Hydrates of natural gas: A review of their geologic occurrence, U. S. Geological survey circular, 825.

Kvenvolden K A, McDonald T J. 1985. Gas Hydrates of the Middle America Trench-Deep Sea Drilling Project Leg 84//von Huene R, Aubouin J, et al. Initial Reports of the Deep Sea Drilling Project, Washington D.C.: U.S. Government Printing Office: 667-682.

Kvenvolden K A, Golan-Bac M, McDonald T J, et al. 1989. 15. Hydrocarbon gases in sediment of The voring plateau, norwegian sea1//Proceeding of the Ocean Drilling Program, Scientific Results, 104: 319-326.

Ladd J W, Ibrahim A K, Mcmillen K J, et al. 1982. Interpretation of seismic-reflection data of the Middle America Trench offshore Guatemala//Initial Reports of the Deep Sea Drilling Project, 67. Washington: U.S.G.P.O.: 675-690.

Ladd J W, Stoffa P L, Truchan M, et al. 1984.Seismic reflection profiles across the southern margin of the Caribbean. Memoir of the Geological Society of America, 162（1）:153-159.

Lange G J D, Brumsack H J. 1998. Pore-water indications for the occurrence of gas hydrates in Eastern Mediterranean mud dome structures//Proceedings of the Ocean Drilling Program, 160:569-574.

Lee C, Yun T S, Lee J S, et al. 2011. Geotechnical characterization of marine sediments in the Ulleung Basin, East Sea . Engineering Geology, 117（2）: 151-158.

Lee M W. 2002. Modified Biot-Gassmann Theory for calculating elastic velocities for unconsolidated and consolidated sediments. Marine Geophysical Researches, 23: 403-412.

Lodolo E, Camerlenghi A, Brancolini G. 1993. A bottom simulating reflector on the South Shetland margin, Antarctic Peninsula. Antarctic Science, 5（2）: 207-210.

Lorenson T , Scientific S.2000.Graphic summary of gas hydrate occurrence by proxy measurements across the Blake Ridge, Sites 994, 995, and 997 Sites. The Journal of 20th Century Contemporary French Studies, 164 :247-249.

MacDonald G J. 1990.The future of methane as an energy resource. Annual Review of Energy, 5: 53-83.

Makogon A M .1966. Productivity of forms of sugar beet with CMS and their hybrids//Makogon A M. Plant Breeding Using Cytoplasmic Male Sterility. Russian: Urozaj Kiev: 340-343.

Makogon Y F. 1997. Hydrates of Hydrocarbons. Tulsa: PennWell.

Makogon Y F, Trebin F A, Trofimuk A A , et al.1972. Detection of a pool of natural gas in a solid（hydrate gas）state . Transactions（Doklady）of the USSR Academy of Sciences, Earth Science Sections,196（1）:197-200.

Makogon Y F , Holste J C , Holditch S A. 1998. Natural gas hydrates and global change// The Eighth International Offshore and Polar Engineering Conference, Montreal.

Manley P L , Flood R D. 1989. Anomalous sound velocities in near-surface, organic-rich, gassy sediments in the central Argentine Basin. Deep Sea Research Part A Oceanographic Research Papers, 36（4）:611-623.

Matsumoto R. 2000. ABSTRACT: Exploration of gas hydrate deposits offshore Japan Islands//AAPG International Conference and Exhibition, Bali.

Matsumoto R, Uchida T, Waseda A, et al.2000. Occurrence, structure, and composition of natural gas hydrate recovered from the Blake Ridge, Northwest Atlantic// Paull C K, Matsumoto R,Wallace P J, et al. Proceedings of the Ocean Drilling Program. Scientific Results, 164: 13-28.

Max M D, Lowrie A. 1996. Oceanic methane hydrates: A "frontier" gas resource . Journal of Petroleum Geology, 1（19）: 41-56.

Mazurenko L L, Soloviev V A, Belenkaya I, et al. 2002. Mud volcano gas hydrates in the Gulf of Cadiz. Terra Nova, 14（5）:321-329.

Mclver R D. 1981. Gas hydrates//Meyer R G, Olson J C. Long-Term Energy Resources. Boston: Pitman Publishing.

Meyer R F, Olson J C. 1981.Long-Term Energy Resources resources, Montreal. Boston: Pitman Publishing: 2198.

Michael R. 2006. Gas hydrate transect across Northern Cascadia Margin. EOS, Transactions American Geophysical Union, 87（33）:325-332.

Mienert J, Posewang J, Baumann M. 1998. Gas hydrates along the northeastern Atlantic margin: Possible hydrate-bound margin instabilities and possible release of methane. Geological Society London Special Publications, 137（1）:275-291.

Milkov A V , Sassen R. 2003. Preliminary assessment of resources and economic potential of individual gas hydrate accumulations in the Gulf of Mexico continental slope. Marine and Petroleum Geology, 20（2）:111-128.

Milkov A V. 2004. Globalestimates of hydrate-bound gas in marine sediments: How much is really out there. Earth-Science Reviews, 66: 183-197.

Milkov A V, Clapool G E, Lee Y J, et al. 2003. In situ methane concentrations at Hydrate Ridge offshore Oregon: New constraints on the global gas hydrate inventory from an active margin . Geology, 31: 833-836.

Murphy W F. 1982. Effects of microstructure and pore fluids on the acoustic properties of granular sedimentary materials. Stanford: Stanford University.

Neben S, Hinz K, Beiersdorf H. 1998. Reflection characteristics, depth and geographical distribution of bottom simulating reflectors within the accretionary wedge of Sulawesi . Geological Society London Special Publications, 137(1):255-265.

Nesterov I I, Salmanov F K. 1981. Present and future hydrocarbon resources of the Earth's crust//Melyer R F, Olson J C. Long-Term Energy Resources. Boston: Pitman Publishing.

Normark W R , Hein J R , Powell C L, et al. 2003. Methane hydrate recovered from a mud volcano in Santa Monica Basin, Offshore Southern California. EOS Transactions American Geophysical Union, 84.OS51B-0855

Okuda Y. 1993. Sherbet-like natural gas resources-Gas hydrate. Petrotech (Tokyo), 16(4): 300-306.

Oremland R S , Whiticar M J , Strohmaier F E , et al. 1988. Bacterial ethane formation from reduced, ethylated sulfur compounds in anoxic sediments. Geochimica Et Cosmochimica Acta, 52(7): 1895-1904.

Paull C K, Ussler W, Borowski W. 1995. ODP Drilling: Establishing methane sources and migration pathways associated with marine gas hydrates//International Congress of the Brazilian Geophysical Society: 492-493.

Paull C K, Matsumoto R,Wallace P J, et al. 2000. Proceedings of the Ocean Drilling Program, Scientific Results, 64: 3-10.

Pearson C F, Halleck P M, McGulre P L, et al. 1983. Natural gas hydrate: A review of in situ properties. The Journal of Physical Chemistry, 87: 4180-4185.

Piñero E, Marquardt M, Hensen C, et al. 2013. Estimation of the global inventory of methane hydrates in marine sediments using transfer functions. Biogeosciences, 10(2): 959-975.

Pohlman J W, Canuel E A, Chapman N R, et al. 2005. The origin of thermogenic gas hydrates on the northern Cascadia Margin as inferred from isotopic ($^{13}C/^{12}C$ and D/H) and molecular composition of hydrate and vent gas. Organic Geochemistry, 36(5): 703-716.

Posewang J, Mienert J.1999.High-resolution seismic studies of gas hydrates west of Svalbard. Geo-Marine Letters, 19(1-2): 150-156.

Rao Y H. 1999. C-program for the calculation of gas hydrate stability zone thickness. Computers & Geosciences, 25(6): 705-707.

Rempel A W, Buffett B A. 1997. Formation and accumulation of gas hydrate in porous media. Journal of Geophysical Research Atmospheres,1021(B5): 10151-10164.

Rice D D, Claypool G E.1981. Significance of Shallow Gas in Ancient Marine Sequences: ABSTRACT. AAPG Bulletin, 65(5): 978.

Rice W R, Hostert E E.1993. Laboratory experiments on speciation: What have we learned in 40 years?. Evolution, 47(6): 1637-1653.

Riedel M, Novosel I, Spence G D, et al. 2006.Geophysical and geochemical signatures associated with gas hydrate-related venting in the northern Cascadia margin. Geological Society of America Bulletin, 118(1-2): 23-38.

Ripmeester J A, Ratcliffe C I. 1988. Low-temperature cross-polarization/magic angle spinning C NMR of solid methane hydrates: Structure, cage occupancy, and hydration number . The Journal of Physical Chemistry, 92(2):337-339.

Ritger S, Carson B, Suess E. 1987. Methane-derived authigenic carbonates formed by subduction-induced pore-water expulsion along the Oregon/Washington margin. Geological Society of America Bulletin, 98(2): 147-156.

Rueff R M, Sloan E D. 1985. Effect of granular sediment on some thermal properties of tetrahydrofuran hydrate. Industrial & Engineering Chemistry Process Design and Development, 24(3): 882-885.

Ruppel C. 2007. Tapping methane hydrates for unconventional natural gas. Elements, 3(3): 193-199.

Ruppel C, Kessler J D. 2017. The interaction of climate change and methane hydrates. Reviews of Geophysics, 55: 126-168.

Sain K, Gupta H. 2012. Gas hydrates in India: Potential and development. Gondwana Research, 22: 645-657.

Satoh M, Maekawa T, Okuda Y. 1996. Estimation of amount of methane and resouces of natural gas hydrates in the world and around Japan. Journal of the Geological Society of Japan, 102 (11) : 959-971.

Scholl D W, Barth G A, Childs J R. 2009. Why hydrate-linked velocity-amplitude anomaly structures are common in the Bering Sea Basin: A hypothesis//Collett T, Johnson A, Knapp C, et al. Natural Gas Hydrates: Energy Resource Potential and Associated Geologic Hazards. Tulsa: AAPG

Scott D, Collett T S, Weber M, et al. 2002. Drilling program investigates permafrost gas hydrates. EOS Transactions American Geophysical Union, 83 (18) : 193-198.

Serra O. 1984. Fundamcntals of well-log interpretation (Vol.1)//The Acquisition of Logging Data :Developments in Petroleum Science, 15A. Amsterdam: Elservier.

Shankar U, Riedel M. 2011. Gas hydrate saturation in the Krishna: Godavari basin from P-wave velocity and electrical resistivity logs. Marine Petroleum Geology, 28 (10) : 1768-1778.

Shipley T H, Houston M H, Buffler R T, et al. 1979. Seismic evidence for widespread possible gas hydrate horizons on continental slopes and rises. AAPG Bulletin, 63: 2204-2213.

Shipley T H, Didyk B M. 1982. Occurrence of methane hydrates offshore southern Mexico (DSDP)//Initial reports DSDP, Leg 66, Mazatlan to Manzanillo, Mexico, 66: 547-555.

Sloan D E. 1998. Gas hydrates: Review of physical/chemical properties. Energy & Fuels, 12 (2) : 191-196.

Soloviev V A. 2002. Global estimation of gas content in submarine gas hydrate accumulations. Geologiya I Geofizika, 43 (7) : 648-661.

Suess E, Torres M, Bohrmann G, et al. 1999. Gas hydrate destabilization: Enhanced dewatering, benthic material turnover, and large methane plumes at the Cascadia convergent margin. Earth and Planetary Science Letters, 170: 1-15.

Talukder A R, Bialas J, Klaeschen D. 2007. High-resolution, deep tow, multichannel seismic and sidescan sonar survey of the submarine mounds and associated BSR off Nicaragua pacific margin . Marine Geology, 241: 33-43.

Taylor H F W. 1979. Some observations on calcium silicate hydrates. Journal of the Mineralogical Society of Japan, 14 (3) : 157-174.

Tayor B, Hayes D E. 1983. Origin and history of the South China Basin. The Tectonic and Geologic Evolution of Southeast Asian Seas and Islands, Part Ⅱ., American Geophysical Union Monogr. Ser, 27: 23-56.

Tissot B P, Welte D H. 1978. Geochemical Fossils and Their Significance in Petroleum Formation// Petroleum Formation and Occurrence. Berlin Heidelberg: Springer.

Trofimchuk A A, Makogon Y F, Tolkachev M V.1981. Gas Hydrate deposits: A new reserve of energy resources. Geologia Nefti Gaza: 15-22.

Trofimuk A A. 1979. Gas-hydrates-new sources of hydrocarbons. Priroda, 1: 18-27.

Trofimuk A A, Cherskiy N V, Tsarev V P. 1973. Accumulation of natural gases in zones of hydrate formation in the hydrosphere. Doklady Akademii Nauk SSSR, 212: 931-934.

Trofimuk A A, Cherskiy N V, Tsarev V P. 1975. The biogenic methane resources in the oceans. Doklady Akademii Nauk SSSR, 225: 936-943.

Trofimuk A A, Chersky N V, Tsaryov V P. 1977. The role of continental glaciation and hydrate formation on petroleum occurrence// Barnea J, Grenon M. The Future Supply of Nature-Made Petroleum and Gas. Amsterdam :Elsevier.

Trofimuk A A, Makogon Y F, Tolkachev M V. 1983a. On the role of gas hydrates in the accumulation of hydrocarbons and the formation of their pools . Geologiyai Geofizika, 6: 3-15.

Trofimuk A A, Tchersky N V, Makogon U F, et al. 1983b. Possible gas reserves in continental and marine deposits and prospecting and development methods. Conventional and Unconventional World Natural Gas Resources//Proceedings of the Fifth Ⅱ ASA Conference on Energy Resources. International Institute for Applied Systems Analysis: 459-468.

Tse J S. 1994. Dynamical properties and stability of clathrate hydrates. Natural Gas Hydrates, 715: 187-206.

Waite W F, Gilbert L Y, Winters W J, et al. 2005. Thermal property measurements in Tetrahydrofuran (THF) hydrate and hydrate-bearing sediment between−25 and+ 4℃, and their application to methane hydrate//The Fifth International Conference on Gas Hydrates. Norway: Tapir Academic Press Trondheim, 5: 1724-1733.

Wallmann K, Pinero E, Burwicz E, et al.2012. The global inventory of methane hydrate in marine sediments: A theoretical approach . Energies, 5 (7): 2449-2498.

Wood W T, Stoffa P L, Shipley T H. 1994. Quantitative detection of methane hydrate through   high-resolution seismic velocity analysis. Journal of Geophysical Research, 99 (B5): 9681-9695.

Woodside J M, Ivanov M K, Limonov A F. 1998. Shallow gas and gas hydrates in the Anaximander Mountains region, eastern Mediterranean Sea . Geological Society of London Special Publications, 137 (1): 177-193.

Wygrala B P. 1988. Integrated computer-aided basin modeling applied to analysis of hydrocarbon generation history in a Northern Italian oil field . Organic Geochemistry, 13 (1-3): 187-197.

Wyllie M R J, Gregory A R, Gardner L W. 1956. Elastic wave velocities in heterogeneous and porous media. Geophysics, (2): 41-70

Xu W, Ruppel C. 1999. Predicting the occurrence, distribution, and evolution of methane gas hydrate in porous marine sediments . Journal of Geophysical Research Atmospheres, 104 (B3): 5081-5096.

Zillmer M, Reston T, Leythaeuser T, et al. 2005. Imaging and quantification of gas hydrate and free gas at the Storegga slide offshore Norway. Geophysical Research Letters, 32 (4): 104308.